家里家外“她”是范儿

李晓岚　闫书会　宣　洋

企业管理出版社

图书在版编目（CIP）数据

家里家外她是范儿/李晓岚，闫书会，宣洋著．—北京：企业管理出版社，2012.10

ISBN 978－7－5164－0172－9

Ⅰ.①家…　Ⅱ.①李…②闫…③宣…　Ⅲ.①女性－修养－通俗读物

Ⅳ.①B825－49

中国版本图书馆CIP数据核字（2012）第233186号

书　　名：家里家外她是范儿
作　　者：李晓岚　闫书会　宣　洋　著
责任编辑：徐新欣　笑　言
书　　号：ISBN 978－7－5164－0172－9
出版发行：企业管理出版社
地　　址：北京市海淀区紫竹院南路17号　邮编：100048
网　　址：http：//www.emph.cn
电　　话：总编室（010）68701719　发行部（010）68414644
　　　　　编辑部（010）68416775
电子信箱：80147@sina.com　zbs@emph.cn
印　　刷：北京中新伟业印刷有限公司
经　　销：新华书店
规　　格：170×240mm　16开本　13.25印张　195千字
版　　次：2012年10月第1版　2012年10月第1次印刷
定　　价：32.00元

如果你正在恋爱中，

请将此书献给你思念的她

如果你已为人夫，

请将此书献给已为人妻的她

如果你已为人父，

请将此书献给已为人母的她

以爱的名义，打造有爱的生活

FOREWORD
前言

“范儿”就是出色的意思，家里家外都是范儿就是教你如何做个出色的女人。在外边你巾帼不让须眉，事业做得风生水起，是个独当一面的女主管；在家里，你在柴米油盐的琐事中相夫教子，嗔怪与唠叨，家庭的温馨尽显你的魅力与贤惠。

也许，此时的你依然在人生的旅途中徘徊彷徨、手足无措，那么即使再忙，也请翻开这本书，它会带领你走进一个奇妙的新天地，在书中汲取水分与营养，你会发现原来你的生活也可以这般丰茂，你的职场生涯因你的气质而生机勃勃。

这本书会帮你挖掘女性特有的潜能，提升你内在的精、气、神；女人可爱才美丽，即使你美如夏花，也敌不过似水流年，魅力来自于平时的修养。女人的生活不都是夜莺与玫瑰，在红尘与浮躁中，在清贫与空寂中，青春的延续要从当下做起。

从今天起，做一个优雅而从容的女人。洗尽铅华，香气犹存。坦然面对人生道路上的荆棘，亦能勇敢而从容地跨越。宠辱不惊，闲看庭前花开花落；去留无意，淡望天外云卷云舒。你的从容与淡定注定会让你成为千万人中最靓丽的那一个。

从今天起，做一个懂得珍惜并敢于拒绝的女人。再美好的东西都有失去的一天；再深刻的记忆也有淡去的一天；再相爱的人也有永诀的一天；再美的梦也有苏醒的一天。人不应该永远沉湎在过去的美好回忆中，该放弃的，决不挽留：该珍惜的，决不放手，即使是“山重水复”，也依然会出现“柳暗花明”的美好。也许，分手后不可以做朋友，因为彼此伤害；但也不可以做敌人，因为彼此深爱过。懂得珍惜与放弃的女人，才能做生活的主人，体会生活的幸福，才能体会人生的真谛。

从今天起，做一个独立而自信的女人，做一个内心丰富、耐得住寂寞的女人，举手投足间流露出你的自信与坚强、独立与完整。温柔中的一点坚强，娇柔中的几许独立，会让你成为一杯明前清茶，悠然飘香，沁人心脾。独立是一种美德，是女人借以安身立命的根本；独立是一个过程，不亲身经历就无法长大；独立是一种尝试，学会在选择中寻找真正的幸福；独立是一种生活、是女人的名片，它代表自信、坚强、勇敢、乐观和努力。独立是女人的美德，正如独立是男人的美德一样，独立的女人好比花园里的紫丁香，默默地散发着属于自己的一缕芬芳。独立的女人是美丽的，是可爱的。

从今天起，做一个智慧而有才气的女人。因为智慧是幸福的试金石，智慧的女人懂得通过自己的头脑与才华穿越人生的一道道防线。美丽女人最纯净的修饰是美德，是内在的气质与修养，而不是华丽的服装、漂亮的脸蛋和昂贵的珠宝。知识让女人更聪慧，成熟让女人更美丽。一个秀外慧中的女人，会散发出超然的气质，会从人群中脱颖而出。智慧其实是美丽不可或缺的养分，女人拥有真正的智慧，她就会拥有高雅的气质和超凡的风采。这样的女人，不管走到哪里都是一道风景。她的美丽却是从骨子里透出来的，谈吐不俗、仪表大方，犹如一杯清茶，始终散发着淡淡的幽香。

从今天起，做一个爱家庭的女人。知礼节、懂孝道，为丈夫赢得尊严，实际上也是为你赢得荣耀。不要房顶开门，六亲不认，有礼有面的媳妇惹人爱，这也是我国女性的传统美德，养成这些美德，是塑造伟大女性的基石。

假如你是一只小麻雀，不要难为自己用稚嫩的翅膀去追赶九重霄上的飞鹰。鹰有鹰的天空，麻雀有麻雀的世界。温柔小女人，知足才是最幸福。知足是一个人健康心态的外在表现，懂得满足，是一种大智慧，明白自己应该追求什么，放弃什么，在人生的大起大落中，始终能够做到从容应对、保持睿智，洞察人生百态，怀着一颗知足、感恩的心潇洒幸福地生活，才能读懂生命的真正价值。

家里家外都是范儿的真谛是：从自己做起，出色的女人在举手与投足间……

本书编写组

2012 年 6 月 15 日

CONTENTS

目录

第1章

妆扮策划　穿着有范儿

一、女性职业礼仪的表现形式

1. 整洁的仪容

所谓仪容，即人的仪表容貌，个人发式、面容以及人体所有未被服饰遮掩的肌肤（如手部、颈部）等统称为仪容。仪容在个人整体形象塑造中有着很重要的地位。仪容传达出最直接最生动的第一信息，反映着个人的精神面貌。具有清新、端庄的仪容和恰当自然的修饰是女性仪容礼仪的基本要求。女性真正的美可以用六个字概括："形于外，慧于中。""形于外"是指一个人音容笑貌等外观气质特征。一个人在社会生活中，需要出席各种场合，扮演各种角色。当一个人以某种特定角色出现时，在仪容、仪表方面就要符合社会对这个角色所规定的要求。"慧于中"指的是一个人的容貌美，不仅仅是指标致的五官，更重要的是指一个人的神情、气质所反映出来的精神面貌。一个人的外表包装是简单的，而提高和改善人的修养和内心世界却是复杂、深刻和全面的。外在美只有与内在美达到和谐统一，神情才会超凡脱俗，"慧于中"才能"秀于外"，一个人如果没有道德、情操、智慧、理想等内在美作为基础，那么再好的先天条件，再精心的打扮也只能是一种肤浅的美。所以一个人在注重个人仪容、仪表修饰的同时，还必须不断加强自己内在素质的培养。

个人容貌是父母给予的，相对定型，却可以通过保养、修饰、装扮而变得可爱动人。懂得一定的化妆美容技巧是现代女性的必修课程。仪容的修饰是一种通过对美容用品的使用，来修饰自己的仪容，美化自我形象的行为。

首先是对发式的修饰。头发整洁、发型大方、修饰得体是发式的基本礼仪要求。一是头发修饰应注意日常的护理，主要包括正确洗发、适时护发、梳理头发和适度按摩。个人在参加重要应酬前，一定要进行洗发、理发、梳发，这是礼仪规范的最基本要求。二是头发应长短适中，女士可以留短发，在头发的长度上虽可以中性化一点，但一般不应超过极限。三是适度协调，发型的选择要与脸形、体形、年龄、职业、气质和谐统一，达到美的最佳效果。

其次是对面部的修饰。脸部是仪容之首，是人际交往中他人所注意的重点。整洁、卫生、简约、端庄、大方是面部修饰的基本礼仪要求。一是护肤，护肤是美容的基础，保持容颜的美丽，最重要的是做好日常的皮肤护理，使面部皮肤与颈部、手部皮肤保持光洁和水分，富有弹性。二是掌握美容化妆的技巧与常识，合适的妆容意在向交往对象表示尊重。即应当以淡妆为主。简约、清丽、素雅，具有鲜明的立体感，既要给人以深刻的印象，又不应脂粉气十足。总的来说，就是要清淡而又传神。避免过量地使用芳香型化妆品。通常认为，与他人相处时，自己身上的香味在一米以内能被对方闻到，不算是过量。如果在三米开外，自己身上的香味依旧能被对方闻到，则肯定是过量使用香水了。三是应当避免当众化妆或补妆。当众化妆是很不庄重的，特别不要当着一般关系的异性的面，为自己化妆或补妆。四是应避免在公众场合随意议论他人的仪容修饰。五是应避免花妆出现在公众面前。

在现实生活中，人们只要加强自身各方面素质的培养，如能品德高尚，知识广博，为人正派，对社会对工作有责任心，并能学习一些美容知识，提高审美情趣，那么，即使没有理想的容貌和身材，也一样能通过自己得体的服饰、端庄大方的举止，传达出女性的高贵的气质和典雅的风范。

2. 优雅的举止

所谓举止，就是指一个人在社会活动中各种身体姿势的总称。是人体静态美和动态美的造型。培根有一句名言曾被广泛引用：相貌的美高于色泽的美，而秀雅合适的动作的美又高于相貌的美，这是美的精华。姿态比相貌更能表现出人的精神气质和修养程度，因而常常成为评价人的一面镜子。举止包括站、坐、行、卧等基本举止仪态和肢体语、表情语等动态体语。

基本的举止仪态主要表现在站、坐、行、卧等方面。我们祖先对这几种姿态有着形象的比喻，“立如松”，“坐如钟”，“行如风”，“卧如弓”。这实际上已形象地对人们站、坐、行、卧的姿态作出了基本规范与要求。

站姿是人的静态造型动作，是生活中最基本、最常用的举止。在人际交往中站姿是一个人的全部的仪态的核心，“站有站相”是对一个人礼仪修养的基本要求，良好的站姿能衬托出美好的气质和风度。女性站立的姿势美不美直接关系到女性的形象是否优雅。规范的站姿是挺胸收腹，头、颈、躯干和腿保持在一条垂直线上，目光平视、面带微笑。如接待人员站立时，应挺胸收腹、舒展俊美、庄重大方、精力充沛、信心十足、积极向上，不要过于随便，探脖、塌腰、耸肩、弯腿、抖足或双手叉腰及放在裤兜里等均不足取。女性的站姿要体现在日常学习、生活、工作中，融于自身的仪态举止上，养成习惯。规范要与自然结合，运用自如，分寸得当，使人感到既有教养又不造作，表现出娴静端庄、精力充沛和积极向上的精神面貌。

坐姿是一种静态造型，坐姿要端正、端庄；双手摆放自然、双腿姿势优美得体，神情自然愉悦，不可前倾后仰、歪歪扭扭跷二郎腿。女性坐得端正、稳重、温文尔雅，会给人以文雅、稳重、自然大方的美感。女性在日常生活与社交活动中，要时时注意约束自己，在潜移默化中渐渐养成优雅的坐姿仪态。

行姿是一种姿态美的造型，是展现女性动态美的重要形式。凡是协调稳健轻松敏捷的步态都会给人以美感。无论是日常生活，还是在公共场合，走路都是“有目共睹”的肢体语言，往往能表现一个人的风度和修养。女性行走时忌内八字和外八字，切勿摇头耸肩、弯腰弓背、扭腰摆臀、左顾右盼、步履蹒跚。女性步履应轻盈快捷，步伐略小，走直线，展示出女性阴柔之美，展示出自己的个性气质与魅力。

体态语言是指通过人体及姿态发出的无声信息，它是以人的动作、表情和服饰来传递信息的一种无声语言。心理学家认为，无声的语言所显示的意义要比有声语言深刻得多。美国体态语言专家帕蒂·伍德在长期的实验中发现：一个人要向外界传达完整的信息，单纯的语言成分只占7%，声调占38%，另外55%的信息都需要由非语言的体态语言来传达，而且因为肢体语言通常是一个人下意识的举动，所以它很少具有欺骗性。

体态语言具有形象性，以生动直观的形象告诉别人所要表达的意思。形体动作使人们的交往更有表达性和渲染性。体态语言还具有约定性，即形体被赋予了他人所能理解的意义，也有约定俗成的意思。比如，"摇头不算点头算"，在许多国家和地区能被使用不同语言的人所理解。体态语言本身不是表达的主要手段，但它可以起到辅助的作用，能使实际语言更富有感情色彩，表达更充分，更有感染力。

体态语言可分为动态体语与静态体语两类。动态体语还包括肢体语和表情语。肢体语中的首语是通过头部活动所传递的信息。它包括点头语和摇头语。一般来说，点头语的语义是首肯，摇头语的语义是否定。有人曾专门考察了点头语的语义：表示致意、同意、肯定、承认、赞同、感谢、应允、满意、认可、理解、顺从。应该注意的是，首语因文化和环境的差异而具有语义上的差别，例如在中欧及南亚的某些地方，摇头表示肯定而点头表示否定，首语的语义恰恰相反。手势语是通过手和手指活动所传递的信息。包括握手、招手、摇手，等等。手势语在日常交际中使用频率很高，范围也很广泛。人们常常以捶胸表示"悲痛"，以搓手表示"为难"，以拍脑门表示"悔恨"，以相互握手或击掌表示"祝贺"、"感谢"等。

表情语主要有目光语和微笑语。目光语是在交际中通过视线接触所传递的信息，又称眼神。一些身体语言专家认为，尽管人的身体的所有部分都在传递信息，但眼睛是最重要的，它传送最微妙的信息。目光的接触是一种信息，一个前奏，一种对进一步交往的邀请。在与人沟通时，尤其是首次见面，不会运用目光会带来意想不到的恶劣后果。目光语运用得当，有助于融洽气氛、交流思想、增进感情、加深印象。反之，轻则导致拘谨，重则产生误会。

微笑语是通过不出声的笑所传递的信息。微笑是一门学问，又是一门艺术。微笑是友善、和蔼、谦恭、融洽、真诚等美好感情的表现。西方有句谚语："不会笑别开店。"中国有句俗语："笑口且声开，财源滚滚来。"微笑能沟通心灵，给人以温和亲切之感，可以消除陌生人初次见面时的拘束感；能有效地缩短人与人的距离，给对方留下美好的心理感受。从而形成融洽的交往氛围。心理学家发现，笑和兴奋一样能刺激大脑快速思维，扩展未被使用的脑区，因而有助于开拓思路和自由联想。微笑也影响情绪的状态，在做计划或决策时，人的必情好，态度也会积极和乐观，做出的决定也就充满希望。微笑还能提高人的记忆力，因为人的记忆力随心理状态而波动，愉快的心理，会容易让你记住很多事。研究证明，生活在幸福中的人最大的特色就是他们总是那么轻松、愉悦，他们总是笑容满面。

3. 得体的服饰

服饰是一种文化表征，一个人的穿着不仅仅局限在护体遮羞意义层面上，它能反映出人的身份归属、审美情趣和精神面貌。也可以说，服饰是能最直接、最具象地唤起人的社会化、人文化、角色化感觉的。同时，服饰也是女性的第二皮肤，俗话说“三分长相，七分打扮”，说明了装扮对人的美感所产生的作用是非常大的。如何在社会活动中树立自身应有的角色形象，传达特定的身份信息，获得特殊的反馈效果，是所有女性对服饰青睐的最终的愿望。得体的服饰不仅能反映出对他人的尊重，而且还能塑造良好的自我形象，展示个人的风采。

要掌握服饰礼仪，除了要懂得一些基本美学常识，如色彩搭配技巧和服饰搭配原则等知识外，还需要掌握不同的社交场合对服装的不同要求。也就是说我们在社会生活中必须遵循着装的“TPO”原则。“TPO”即英语“Time”（时间）、“Place”（地点）、“Occasion”（场合）的缩写，指穿衣服要适应时间、地点、场合的需要。该原则中的时间指早晚、季节、时代，服饰要顺应自然，还要有时代特点。同时，不同国家、不同民族的文化背景、地理环境、历史条件、风俗人情，在服饰上也显出不同的格调与特色，因地点的变化选择不同的服饰，表示尊重对方的思想感情，便于结交朋友，增进友谊。此外，所处的场合是千变万化的，依据适当的场合选择适当的服饰，才会显得得体、适宜，给对方留下有修养的良好印象。比如，生日、宴会、婚礼、联欢等场合，服装的颜色要鲜艳亮丽，款式要新颖、时尚。庄重的场合、正式宴会、外事活动中，女性可穿套裙、礼服，并且穿着规范，行为要彬彬有礼。

在服饰礼仪中，还应在对服装搭配技巧、流行时尚、所处场合、自身特点进行综合考虑的基础上，精心选择、搭配和组合。着装要兼顾个体性、整体性、整洁性、文明性和技巧性。着装的个体性要求根据自身特点“量体裁衣”，扬长避短；创造并保持自己所独有的风格，切勿盲目追赶时髦，随波逐流，丧失特色。着装的整体性要求在着装时在面料、色彩、款式上达到和谐统一的效果，力求局部服从于整体，展现着装的整体美。着装的整洁性要求着装整齐，不应有褶皱；要完好无损，不应有破损或乱打补丁；要干净卫生，勤于换洗，不应存在明显的污垢、油迹、汗味和体臭。着装的文明性要求在正式场合，着装要符合社会的道德传统和常规做法。忌穿过露过透的服装，不应穿能透视内衣、内裤的服装，也不要穿袒胸露背，暴露大腿和腋窝的服装；忌穿过短的服装，如短裤、小背心、超短裙等；忌穿过紧的服装，不能为了展示自己的线条，选择过于紧身的服装，打扮得过于性感；更不能不修边幅，使自己的内衣、内裤的轮廓凸显在过紧的服装之外。着装的技巧性，这里主要是强调正式场合服装的穿法技巧。比如，衣袋或裤兜里不宜装过多的东西，衣服上商标要先行拆除，全身上下衣着应保持在三种色彩之内。女士穿裙子时，所穿丝袜的袜口应被裙子下摆遮掩住，不宜露在裙摆外面，等等。

有修养的女性在公务场合、社交场合和休闲场合着装要得体而不雷同。公务场合要庄重保守、端庄大方、严守传统，不能强调个性、过于时髦、显得随便，最好穿深色毛料的套装、套裙或制服，不要身穿夹克衫、牛仔装、运动装、健美裤、背心、短裤、旅游鞋和凉鞋。社交场合主要指宴会、舞会、晚会、聚会等应酬交际场合，服装应突出时尚个性，可穿时装、礼服或民族服装，最好不要穿制服或便装。休闲场合穿着应舒适自然，忌过分正规。

4. 礼貌的谈吐

语言谈吐，即言谈，是人们为了某种目的在一定的语境中以口头形式运用语言的一种活动。人与人之间通过对话来交流思想，表达情感。正因为言谈是一种更为直接、生动和形象的传递思想感情的方式，所以，言谈一直是人们最常用、最主要的交际手段。人们的思想品德、情操、志趣、文化素养以至人生观、世界观等都可以通过语言得到一定的表现。所以说语言就像一块敲门砖，只要你一开口，别人便知你是怎样的人。"言为心声，语为人镜"，言谈体现的是一个人的内涵与修养，学会了恰当的谈吐，你就成功了一半。女性的言谈必须以语言的"礼"

吸引人，以语言的“美”说服人。说满口粗话、脏话等不文明语言的女性，是绝不会受人尊重和欢迎的。要做到语言美，首先应努力提高自己的道德修养，塑造美好的心灵，加强自身文化修养和表达能力的锻炼与培养。力求使语言文明、简洁、明快、准确，语气诚恳，若能进一步做到生动、流利、词汇丰富、幽默风趣，就使你的言谈更具感染力。言谈还应注意语音、语气和语调，要讲究清晰、优美、有节奏，做到文雅、和气、谦逊。中国人讲究“听其言，观其行”，把语言谈吐作为考察人品的一个重要内容。称呼要多用尊称、敬称，少用爱称、昵称、别称，尽量不要直呼其名。交谈内容要使对方感到自豪、愉快、擅长和感兴趣，要格调高雅、欢快轻松，不要涉及对方弱点与短处、个人隐私，不要涉及庸俗下流和怪力乱神之类的东西及小道消息。发问要适时，要多谈大家，少谈自己，交谈中自吹自擂、说个没完、无事不晓、语言刻薄、逢人诉苦、不言不语都是不受欢迎的。谈话时要有礼节、尽心倾听、有问必答，不要轻易打断别人谈话或随便走开，更不能面带倦容、打哈欠、看手表，与异性谈话要简短、谦让。争论有节制，不要随意开玩笑。把握好言谈礼仪，会使女性更好地建立、调整和发展人际关系，更好地塑造女性的社会形象。

女范儿点睛

优雅的举止、整洁的仪容、得体的着装、礼貌的谈吐构成了一位优秀女性外在美的形象。当然，这些外在体现是必须有较全面的内在修养才可能做到的。良好的思想道德修养、文化修养与审美修养，精深独到的思辨能力，是一个人内在美的因素，只有把内在美的内容与外在美的形式达到和谐统一，才会造就出一位优雅、智慧和成功的现代女性。

二、职场新妆的个性与装束

2010 年《杜拉拉升职记》播映，由徐静蕾主演的电影版到王珞丹主演的电视剧版曾一度风靡，杜拉拉几乎是在一瞬间走入我们的视野，成为所有人关注和崇拜的职场偶像。除了自身能力之外，恰当的穿衣打扮和合适的妆容绝对也是职场加分的关键元素。我们不妨从身份上分析一下这几位职场丽人的装束：

活力型代表——杜拉拉

虽距离大学生真正毕业还有一段时间，但是多数毕业生已经开始找工作。从校园到社会的过渡，首先要从衣着开始转变，因为个人的形象会直接影响到你的职场生活。杜拉拉之所以能在职场中获胜，除了个人的奋斗之外，充满活力的职场装也为她提供了不小的推动力。初入职场，既端庄得体，又显得年轻朝气的着装，能给同事和上司留下良好的印象。比如，高雅大方绸缎质地的连衣裙、端庄的小西装，搭配清爽的马尾发型，整个造型就变得很有青春的气息。

妩媚型代表——海伦

尽管海伦的工作境遇并不如杜拉拉，但是她的穿衣打扮也让人过目难忘。在海伦身上，完全感觉不到硬朗的气息，她的穿衣风格显得温柔、淑媛，荷叶边装饰的紫色连衣裙妩媚无边；无袖蕾丝连衣裙尽显女人味；就连套装也能让人眼前一亮，清新的白色套装，搭配花朵形状的项链，显得温婉动人。这种柔情似水的女人，可谓是公关能手，在生活中更是万人迷。

高贵型代表——玫瑰

在剧中，莫文蔚饰演的玫瑰（电影版）作为公司的主要高层，她的穿衣风格体现的是一种高贵、干练的气质，给人高高在上的感觉，很有上司的气势。不论是在公司场合，还是在晚宴场合，玫瑰的着装总是独具一格，既表现出女强人硬朗的一面，却不缺乏女性的柔媚。比如，翻领的白色连衣裙搭配黑色的蝴蝶结腰带，显得优雅别致；而波谱图案的雪纺裙，更是凸显她的女王气质。这种刚柔相济的穿衣风格值得女上司借鉴。

洒脱型代表——伊娃

在职场中，有一种人性格洒脱、自信、有主见，她们通常都会成为办公室的闪亮之星，李艾在剧中饰演的伊娃就是这类人。剧中的伊娃，衣着性感，大胆的运用明艳的色彩，宝蓝色的抹胸短裙非常性感，加上中性的西装外套，颇有职场味道；而玫红色的连衣裙和明黄色礼服裙更是惊艳，几乎成为一道靓丽的风景线。这种大胆的穿衣风格，加上开朗的个性，让伊娃深得社会主流的认可和喜爱。在个性张扬的时代，像伊娃这种懂得表现自我的女性，更容易在职场中脱颖而出。

从身份上看，这几位艺术形象生活原型在我们的工作中随处可见，在现实生活中，女人用衣服来扮演各种不同的角色，特别是女人在工作以后，心中有很多梦想，想做个温柔的小女人、干练的职场“白骨精”，或者是拥有自己的一个公司……职场犹如蓝天，衣服就是女人用来丰富自己形象的彩云。女人衣装要符合自己的个性，个性一般不易变化，这在衣着上可以体现，而身份在职场中是可能变化的，因此，女人应当把握好着装大方向。

女范儿点睛

国外一位形象大师曾说过：穿着不当和不懂得穿衣的女人永远不能上升到管理阶层！端庄、自信、高贵、权威的形象，加上出色的工作表现，才有可能使你成为成功的、有魅力的女性精英。

三、淡妆"清"抹更相宜

我们之前谈过，在正规的场合，化妆是对别人的尊重。诚然，办公室的"淡妆上岗"亦是如今身处职场的女性的基本要求。职业女性的整体造型应以大方、优雅、简约为主。质地较好的合体套装是必备的；发型应该清爽利落；妆容的风格是典雅加干练，不仅能够提升自我，更是对同事及上司的尊重。

1. 办公室最好淡妆上岗

如果上班的你习惯素面朝天抑或浓妆艳抹，那么该是时候检讨下自己了。办公室的妆容，既不能过于浓艳也不可过于敷衍，应以精细淡雅的淡妆最为适宜。职业女性的打扮应该灵活有弹性，要学会合理化妆、发型和配饰的合理搭配，完美和谐，显示出良好的职业素养和干练优雅的个人风格。

那么，办公室的淡妆，我们要注意哪些问题呢？

首先，脸部的底色就好像画布的基础色，要将肤色自然的美感充分表露出来。对于粉底的选择一定要适宜，不能过白、过厚，又不能浅淡到无法遮掩到脸上的瑕疵，很多职业女性选择黄褐色，因为东方女性肤质黄色偏多，所以选择底色应以偏黄色为主，它那年轻而健康的颜色一方面可以遮住脸上的小瑕疵，另一方面还使你朝气蓬勃。无论选择哪一种底色，切忌涂厚，清新自然的皮肤最重要，因此薄而透明的颜色最为适宜。否则不仅肌肤无法正常的呼吸，产生"花脸"的尴尬，同事也会认为你是生活在"面具"中的人，而无法获得真实感。

其次，眉形的得体至关重要。因为人的一言一行、一颦一笑都会使眉毛随之变化。眉毛不宜过细或向下，过细过尖会让人产生过于精明，不好打交道的印象，而向下的眉形无法展现朝气蓬勃的精神风貌，因此自然大方的眉形是现在所普遍推崇的。同时眉形又切忌过于"妩媚"。因为过于"女人味"的眉毛会降低上级对你的信任度，所以眉形要显得自然而大方、精明而果断。同时，眉毛的颜色不宜过浓，眉毛下线需干净并突出质感。

唇形清晰，唇色润泽的唇妆也是职场妆容的关键。唇的颜色十分重要，你可以选择粉色或橙色系。因为无论是色彩过暗、过艳的唇色，均不适合办公室环境。粉色或橙色系自然而时尚，此外，在画唇时，可以先用遮瑕笔将唇部周围的小瑕疵修饰干净。但若你的唇形较大较薄时，可以先用粉底掩盖原有的轮廓，再用唇笔描出合适的轮廓分明的唇形，如此一来，你的唇形必定更加完美与精致。

同时，办公室淡妆不能小看眼影的魅力。选择眼影的质地对整个妆容很重要，眼睛是比较敏感的部位，上班时，可以根据自身服装与性格来选择颜色，切忌过浓过亮。化妆时，粉量不宜过多，先在眼窝处轻打浅色系，再在眼睑处加一层深色系，如此一来层次感便会突显出来。

最后，办公室淡妆腮红不能少，腮红的颜色也起着举足轻重的作用。腮红应以暖色调为主，而粉色或橙色可以使肤色清雅明快、气色红润。既无油腻之感，又不失透明度。腮红要自然，不能有明显的边界，好似明显刻画的痕迹。值得一提的是，眼部色彩与腮红相一致，可以给人一种明朗的整体感觉，一种顾全大局的好印象。因此，在决定腮红的颜色之时，万不能不将眼部色彩考虑其中。

除此之外，发型也是非常重要的。作为一位干练的职业女性，发型上应力求端庄、简洁。那些赶时髦的或浪漫或花俏的发型，还是“忍痛割爱”适可而止好。奇异、花样百出的罕见发型和黑色之外的染发更是不可轻易尝试。不过，为了调剂单调、沉闷的工作气氛，发型或绾或扎或放，倒是可以交替变化使用，不妨使用一些发带、发夹、发箍之类的小发饰。同时，一些保湿液、发雕油、顺发露、摩丝之类，也可成为你梳理时的得力助手，让你有效率地做出各种发型。

2. 中国 OL 最爱妆面效果

每个 MM 都知道妆容对于女性的重要性，它能使你看起来美丽动人，还能遮盖住脸部的小瑕疵，对于第一天上班的 OL 而言更是如此，简单又不耽误上班时间的 OL 人气妆容成了中国 OL 的最爱。就身份和个性来说，以下几个简约的淡妆供你参考：

（1）时尚 OL 绚丽妆容

深棕色的眼影，突出眼睛的深邃，演绎出时尚潮流感。

（2）稳重 OL 经典妆容

粗粗的眉形不显笨拙，反而有着赫本一样的经典美，绝对是职场高手的最佳选择。

图1-1　时尚绚丽妆　选自 爱美网

图1-2　稳重经典妆　选自 爱美网

（3）甜美 OL 可爱妆容

粉嘟嘟的腮红，让人很是怜爱，是职场新人的首选。

（4）休闲 OL 随意妆容

用眼线来突出整个妆容是喜爱休闲、随意的 OL 常用的手法，妆面简单，但十分出彩。

图1-3　甜美可爱妆

图1-4　休闲随意妆

一切准备就绪后，充满自信地迎接一天工作的挑战吧！

女范儿点睛

适宜的办公室妆容无时无刻不在影响你的工作心情，繁忙工作之时只要透过镜中看到得体的自己，心情自然大为改观，自信心亦油然而生。同时清雅自然的妆容会为你在工作中增添一臂之力，使你获得意想不到的收获。

四、得体服饰"范"出魅力

上班究竟怎样才能穿的得体，其实职业女性上班时，主要是展示自己在工作上的才华和责任感，如果误把办公室当做T台，那就大错特错了。反之，毫不重视自己的衣着，整天T恤、牛仔裤，或灰衣、蓝裙，同事又会对你的成熟度和能力持怀疑态度。

一般来说，职业女性的衣着也应讲求"中庸"之道，那就是不要太时髦，也不要太保守，一切以端庄、大方为原则。太鲜艳的衣服，毛人刺目；太暴露的衣服，令自己尴尬；太随便的衣服，有失端庄；太新潮的衣服，与气氛格格不入；太老旧的衣服，令人侧目。这一点前面已经作了介绍，这里只介绍几种简单的服饰搭配：

造型1：白色修身剪裁的小西装搭配灰色铅笔裙，以浅粉色蝴蝶结领口衬衫打底，黑色系高跟凉鞋和CHANEL式棱格纹手袋是最佳配饰之选。

造型2：黑白双色裙对比醒目十分亮眼，柔软的褶皱处理更加舒适自如，长款西装外套解决温度、场合各种问题。

造型3：黑色抹胸百褶裙十分具有女人味，CHANEL小外套又能够轻松应对职场需要，加入一些小蝴蝶结及大热的珍珠长项链成功为时尚加分。

造型4：干净干练的修身裤装是这一时期的职场法宝，搭配浅色系小外套，强劲地传递出一种信息——我很专业我很行！是有利于晋升的好造型！

选自 爱美网[①]

职业妇女的衣着对于升迁、晋级有一定的影响。前面已经提过，服装是一种无言的自我表现，它能左右别人对你的观感。如果两个能力相当的女性，在争取一个较高的职位时，老板很可能在难以决定之下，把机会留给衣着考究的那一位。要是那个职位是个主管的缺，那么服装的因素就更显重要，因为女主管无论对外对内都需要有个“架势”，而那个架势几乎是由服装来衬托的。如果你不信，只要到某个大公司去看一看，你将很容易从她们的衣着中，大概区别出谁是小职员，谁是主管，而且几乎错不到哪儿去。

女范儿点睛

这究竟是职位影响衣着，还是衣着影响职位，其间关系十分微妙。如果你不想一辈子当个低级职员的话，请现在就开始注重衣着吧。

① www. imeee. cn

五、服饰的搭配与色彩

上海伊芙心悦服饰有限公司总裁沈宏，她曾将“私人衣橱顾问”的理念带入中国，她说，衣服是女人的第一张名片，她在《衣仪天下》一书中介绍了职业女性服饰的搭配原则。

（1）“5 +3 +2” 原则

初入职场的 MM 往往一时之间难以摆脱校园气息，缺乏足够自信与胆量，在衣着打扮方面也会因为太过浓郁的学生气而导致他人对你能力的质疑，从而影响职场晋升。想要赢在起点除了磨炼能力之外，形象至关重要。对于这一时期的 MM 而言，一定要遵循 5 +3 +2 的大原则，即 5 分职业、3 分时尚、2 分可爱。范儿出职场新妆。

（2）衣橱里的“ + − × ÷ ”

+：穿衣做加法，一件衣服必须和三件衣服搭配。

−：买衣做减法，不能和衣橱里三件衣服搭配的衣服就不要买。

×：跨季穿衣做乘法，同一件衣服可穿三季。

÷：购买价格不菲的衣服，可以用除法来计算衣服的价值。即：平均每次投资额 = 原始价格/使用次数/年限

（3）合体量衣

体形与款式

短颈与领型　选择 V 字领和 U 字领。

窄肩与身高较矮的人　选择有褶吊带衫，切忌细吊带衫。

宽肩与领型　选择 V 字领和 V 形青果领。

长臂　袖翻边，灯笼袖，忌无袖。

短臂　灯笼袖，普通袖翻边袖，忌短袖。

太平公主　胸前多垂褶，胸部多细节。

胸心（雄心）勃勃　滚边上衣，简单口袋，忌双排扣、夸张腰带。

腿短　长上衣配短裙，不要穿七分裤，九分裤显得腿不太长，可穿小花裤子。

小腿粗　不要穿翻边裤。

小腿瘦　不要穿 A 字裙（一步裙）。

另外，不要让裙子长过膝下4～6厘米，这样腿显得粗。让裤子的长度落在踝骨下边，鞋与裤子颜色一致可显得腿修长。

衣橱的4大误区

衣橱误区之一：赶时髦

时髦是一个时期的亮点，时尚与时髦不同。

时尚是趋势，跟着时尚趋势走。

不要追求时髦的亮点，不要成为潮流的奴隶。

衣橱误区之二：乱穿衣

是你穿衣服，而不是衣服穿你。

肤色决定颜色，脸形决定领型。

体形决定款型，品位决定价位。

衣橱误区之三：重数量不重质量

衣服永远是衬托人的。

根据职业需要确定你的基础颜色和辅助颜色，基础款式和辅助款式。

基础款式永远是最经典、最易搭配、最能长时间接受各种场合挑战的。

职业女性的八大件一个都不能少。

衣橱误区之四：忽略搭配方程式

职业女性把她们的家庭生活安排得井井有条，唯独忽视自己的衣橱打理。

打理衣橱同每天处理你的E－mail文件是一样的道理。

衣服是女人的第一张名片，白衬衣是女人的第二层皮肤。职业女性衣橱中必不可少的第一件衣服就是白衬衣。因白衬衣是最具挑战气质的，且没有年龄限制，任何女人在任何年龄段都可以穿着白衬衣。看似简单的白衬衣，可以是职业的、高贵的、时尚的。要善于用这件看似“简单”的白衬衣，“衬”出你的美丽。

举例：

把冬季大衣的皮毛领摘下，冬为春用，放在白衬衣上，这叫“意想不到”但却超越时尚，出席聚会，一定有许多人向你行注目礼。

玫瑰丝巾是白衬衣的百搭丝巾：

A. 当胸花

B. 当项链（系在脖子上）

C. 当手镯（乔其纱面料可随意围在手腕上）

D. 当头花（扎马尾小辫，配上它显得很高挑）

E. 当腰带（系在腰间）

饰品是白衬衣的配角，项链不能只挂在脖子上，偶尔别在白衬衣上做挂饰。这叫"资产重组"。

三种经典永恒的色彩：黑、白、红

黑色、白色、红色，是职业女性衣橱的主要颜色。在时尚的主旋律中，黑、白、红是永远的三个重要音符！"因为它们是基础色彩，这三种单色，每一种都至少能和你衣橱中的三件衣服搭配。"你可能从没想过黑、白、红会有那么多种变幻，那是因为亚洲人得天独厚的黑发、黑白分明的眼眸、以及红唇白齿，与这三种经典永恒的色彩有着不解之缘。

黑、白、红与人体

穿衣的目的是衬托出你的脸，要突出脸部的色彩。

黑色——头部的80%是我们的头发，它是黑色的。

白色——黑白分明的眼眸和白皙的皮肤。

红色——红色的嘴唇是脸部的心脏，当你发言时是人们最关注的地方。

黑、白、红与自然

黑色——代表着大地，象征着信念和追求。

白色——代表着云彩，象征着梦想和希望。

红色——代表着太阳，象征着激情和奋斗。

黑、白、红与职业

黑色意味着职业女性严谨的工作态度。

白色表达着职业女性宽容的胸襟。

红色传递着职业女性与团队的青春活力。

黑、白、红与品位

黑色的高贵，是高雅场合的代表颜色。

白色的圣洁，是伴随女性度过一生中重要时刻的颜色，比如出生、结婚。

红色的激情，是领导者的颜色，表明了独立自信的才干。

黑、白、红与搭配

这三种基础颜色可以相互搭配，经久不衰，光彩照人。

六、小配饰扮靓个性

在办公室里巧妙运用配饰，能够为自己形象增添亮色，为成功增添自信。选择几款体现成熟个性小配饰，不仅衬托你的知性魅力，为职场OL画龙点睛，而且能传递优雅，兼具时尚品味。

现在，商场里的配饰设计新风潮可谓千变万化，那么，如何搭配各种小配饰，让你的品位与个性发挥得淋漓尽致呢？

首先，项链一定要与自己的年龄、肤色、服装搭配合理，使之协调。同时，与脸形的配合极为关键。脸部清瘦而脖颈细长的女性可以选择单串短项链，这样可以弥补你脸形的缺陷，不至于太瘦太长：脸部较圆而脖颈较粗的女性，可以选择细长的项链，如果中间挂一个略大的吊坠，效果会明显；而椭圆脸形的女性，可以戴中长度的项链，因为它可以更好的烘托你的完美的轮廓。总之，通过材质、色泽和设计风格等不同特点来巧妙搭配，可以增加女性的动感和韵律美。而对于项链的选择，价格并不是主要因素，而是要与你的整体感觉相适应，相协调。

其次，耳环在配饰里的地位非常重要，甚至可以成为你形象的点睛之笔。如果你的身材娇小，可以尝试戴椭圆形、心形的耳环，会让你变得越发娇小可爱。圆形脸的你适合戴垂吊式、“之”字形耳环，如此一来，在视觉上形成修长感，秀气逼人。值得注意的是，戴眼镜的女性不宜戴悬吊式耳环，贴耳式是你的上上之选。耳环与肤色间的搭配也是不容忽视的。肤色较白的可以选用颜色鲜亮的耳环，皮肤较黑者，佩戴银色耳环效果最佳。如皮肤偏黄，可以考虑古铜色或银色的耳环。

再次，是胸针的选择。无论穿职业装还是生活装，胸针都是女人不可或缺的配饰。无论是闪烁的彩石胸针还是艳丽的花儿胸针，只要恰到好处，都足以令人一见难忘。粉色系胸针易使人娇艳欲滴、脱俗清雅，花扣装饰在线条硬朗的大衣或毛衣上，你的温婉感便会油然而生。银白、粉红等略显光华的胸针若配在净色上衣或黑色底裙上，则会倍显高雅，落落大方。总之，胸针可以让一件看似简单的衣服既高贵端庄，又妩媚动人。

最后，是丝巾。伊丽莎白·泰勒曾说："不系丝巾的女人是最没有品位的女人。"丝巾的柔软质地可以增加自身的柔美气质。若求文静雅致，丝巾可以与服装同色系，例如鹅黄色的服装与咖色丝巾相配；若求热情如火，可以采用对比色系，如藏青色套裙与红色丝巾相宜。同时，若女性皮肤较黑，应选用乳白色、粉色丝巾，若肤色较白，棕色与蓝色会将你衬托得越发淡雅秀丽。

以上是一些较为重要的配饰的选择，无论佩戴哪一种配饰，都要记得配饰要与你的身份、气质、服装浑然一体，要戴得精妙，千万不要使饰品突出了你的短处。例如，耳部不够精致的女性就不要戴过于夸张的吊坠耳环，否则会夸大自己的不足。小小的配饰蕴涵了无尽的大学问，只要善用，从此以后，你便会与众不同。

七、步生莲花——学会穿鞋

前面介绍了杜拉拉的服装。《杜拉拉升职记》的原作者李可授权爱意公司，以"杜拉拉"为品牌名和 Logo，推出针对时尚 OL 们的女鞋品牌，在上海的品牌发布会的策划也是以"新进员工报到"为主题，让所有的 OL 脚踏实地，穿越时光，重新体验步入职场的那一瞬间。

有句俗话叫"脚底没鞋穷半截"。职业女性，脚上的一双鞋是绝对不容轻视的。鞋子虽小，但对整体形象有着大影响。得体的鞋子，能让你的优雅气质无懈可击；而不和谐的鞋子则让你的整体形象大打折扣。专家提醒，注意以下几项原则，能让你从头美到脚。

1. 中性色是首选

选择鞋子切忌使之成为全身颜色最鲜艳之处，在选鞋的时候，避免选择那些颜色过于鲜艳的鞋子，颜色偏于中性的鞋子才是百搭，黑色、灰色、米色、咖啡色、土黄色，可与大多数颜色的服装相配，永远是上班族女性的最佳拍档。

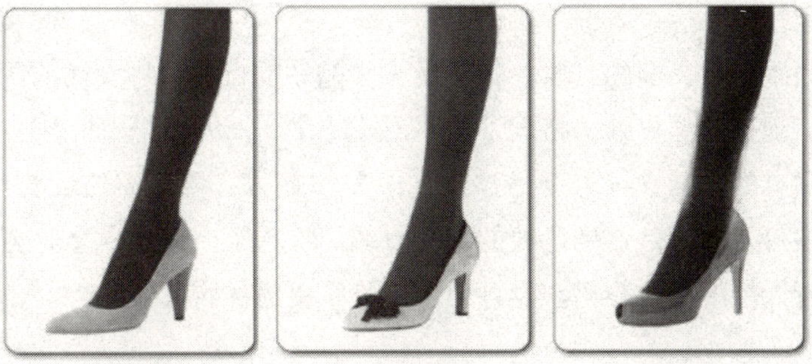

粉色鞋子　　米黄色鞋子　　黑色鞋子

应当提醒的是，鞋子扮演着重要的角色。作为职场女性，只有一双鞋是不够的，至少要准备 4 双不同类型的鞋，才能让你在每个场合都拥有优雅时尚的风范。

2. 办公场合的搭配

在办公室，通常的打扮是套装或是干练的裙装，防水台高跟鞋就是这种着装风格的绝佳拍档。防水台高跟鞋的独特设计让 OL 们爱不释手。它的高鞋跟设计可在瞬间拉长身体比例，让穿者显高又显瘦，鞋子前端的加厚设计，能让穿着者舒适。

选择沉稳的颜色，在潮流界又开始返璞归真，搭配裙装时会使 OL 们显得十分出挑。高跟鞋不仅穿着好看，除此之外，2011 年英伦风席卷内地，演绎优雅女人范儿，春夏流行的露趾踝靴、木质粗高跟鞋都很适合出现于职场。搭配民族风的宽身连衣裙和小马甲，与防水台高跟鞋相比，梦幻的粉红色是会使所有时尚女性都无法抗拒的。露趾踝靴、木质粗高跟鞋采用的是比较硬朗坚挺的皮革面料，更适合与裤装搭配，流露出职业女性的硬朗气质。

超高细高跟鞋，拥有非常简约大方的鞋面设计，在鞋跟后部加入了铆钉的元素，把原本黑色质朴的鞋面提高了亮度，时尚 MM 春、秋天搭配短牛仔裤，会更显高挑性感。几个世纪以后的今天它俨然已成为了摩登的象征。

高跟单鞋，简约自然，花朵及大水晶钻的点缀，将女性的优雅甜美品质表现得淋漓尽致，搭配职业装或是长裙，聚会时会是最美的公主。最为常见的单鞋，也可以尽显女性柔美的魅力。含蓄简约淑女款单鞋，黑色主打，百搭，恰到好处的环扣点缀，加入了时尚的气息，更甜美可爱。春天搭配职业短裙，设计精美的鞋子更显优雅气质。

鱼嘴鞋　　　　选自 爱美网①

上图这款高跟鞋款式相当大方，纤细的跟部很有女人味，鱼嘴设计是今年的潮流。颜色偏浅，所以百搭。模特穿的是鹅黄雪纺上衣 + 黑色

① www. imeee. cn

七分裤，相当知性，再添加上黑色腰带时尚又显瘦!

女人的贵气从鞋开始。在职场学会穿鞋，会使你步生莲花，平步青云。

3. 养成好习惯

长时间地工作，需要一双舒服的好鞋相伴。当脚部不再受到压迫束缚时，百分之百的自信就会油然而生。建议在下午选购鞋子，因为双脚在下午会略微膨胀，此时选购的鞋码在任何时间穿起来都不会“夹脚”。试穿时，相信“第一脚”的感觉，一定要感觉舒适、无压迫。

最后，鞋子和人一样，需要休息与保养。在外忙碌了一天，鞋子难免沾染污垢，这时你需要立即清理。定期清理鞋子非常重要，擦拭鞋，塞入鞋模以保持与固定鞋型。如果鞋底、鞋面、鞋跟等有磨损，应立即修补。记得在鞋子买来后，在鞋底贴上耐磨贴，不但防滑，还可以延长鞋子的寿命。值得注意的是，麂皮皮鞋等特殊材料不能用湿布擦拭，应该使用毛刷清理。与此同时，建议不要每天穿同一双鞋子上班，可以几双轮流替换。

好吧，职场OL，穿上给力的鞋子，昂首向前冲!

职场丽人小测试：

配饰的作用？无非锦上添花，要么就是狗尾续貂。看似无足轻重，实则以小见大，正是“小处不可随便”，一个小小的物件，能一语道出你的性格情绪中的细枝末节，看看你的配饰是什么？

你有一件质地、做工都属上乘的黑色大衣，圆领排扣，样式简单而传统，当你第一次穿着它出去约会的时候，你会选择什么样的配饰来搭配？

A. 亮晶晶的水晶领扣，胸针

B. 搭一条几何图案围巾在外面，不交叉

C. 紧身的漂亮腰带

D. 深色的披肩

E. 什么都不加

F. 把围巾系在大衣里面，扣好大衣

答案在下面：

A 型

你是个很重视细节的人，希望别人能留心你的小动作，注意听你话里的意思，你喜欢用这种方式来评价身边的人是否对你足够用心或是在意，有时爱耍点小聪明，希望能取得所有人的好感。

B 型

你是个很喜欢自由自在，却又无比在意自己外表的人，而你还要经常装出一副打扮的随随便便的人，因为你不希望别人看出你的刻意打扮过，其实你在穿着上花的心思可不少。你很喜欢外国人的穿衣打扮。

C 型

你是个对自己很有信心的人，做什么都喜欢三思而后行。你很喜欢揣摩别人话里的意思，甚至不在意别人的行为，而只注重推敲别人的话，因为你认为不经意的话才能包含一个人真正的想法和意思。

D 型

你是个有些孤傲的人，觉得大多数的人都是非常庸俗且愚蠢的，所以你不喜欢和人走得太近，你更愿意和一些思想单纯的人在一起，你的孤芳自赏让很多人在背后对你议论纷纷，不过显然你是个不在意这些的人。

E 型

你是个希望自己能够变得与众不同的人，或者说你一直觉得自己就是和别人不一样的，但是你并不因为这样就排斥别人，相反你希望和各种不同的人来往，来丰富自己的阅历和生活，你善于在小事情上找快乐。

F 型

你是个注意自己情绪的人，把自己照顾好是你的主要生活目的，你有点自私，自我保护力很强，喜欢掩饰自己的缺点和弱点，不喜欢对别人说真心话，渴望爱，会固执地把几个人当做自己的精神支柱来看待。

第2章

真水无香　气质出范儿

1. 什么是女性职业气质的意蕴
2. 气质卓越　魅力永恒
3. 言之有礼　听出气质
4. 微笑是天下最美的表情
5. 世上没有两片相同的树叶
6. 亲疏有致，在时尚面前HOLD住
7. 气质需要艺术的滋润

一、什么是女性职业气质的意蕴

女性内在涵养或修养的外在体现就是气质，在职场，优雅的气质不自觉的外露，是一种意蕴的美，这种美更加吸引人。它可以使女性留住岁月，青春永驻。

气质是指人相对稳定的个性特征、风格及气度。性格开朗、潇洒大方的人，往往表现出一种聪慧的气质；性格内向、温文尔雅，多流露出高洁的气质；性格爽直、风格豪放的人，气质多表现为粗犷；性格温和、秀丽端庄，气质则表现为恬静。无论是聪慧、高洁，还是粗犷、恬静，这都是一种气质美。

气质美看似无形，实则有形。它是通过一个人对待生活的态度，个性特征、言谈举止等表现出来的。走路的步态，待人接物的风度，皆属气质。女人可以凭借自己漂亮的容貌吸引人们的眼球，赢得极高的回头率，但真正能让人们为之倾倒，却是女人那蕴涵如诗的美丽气质；气质又像一块有灵性的璞玉，它需要后天的滋润与雕琢，我们说某某人气质优雅，实际上是评价他的文化与教养，优雅要通过礼仪等行为表现出来，它包括职业伦理与职业礼仪两个层面。

职业伦理是在人们的职业活动中产生的，它以道德的方式协调人际关系，提升职业劳动者的人格，使社会生产、交换活动以及整社会生活良性运转；职业礼仪是在职业活动交往中，以一定的约定俗成的程序和方式来表现的律己敬人的过程。

职业礼仪不仅表现外在形式，而且可以折射出个人内在的文化素质和道德修养，展示企事业单位的文明程度、工作风格、道德水准、服务质量。个体的行为是伦理道德的出发点、落脚点，即道德必须面向个体，它只有为个体认同，并内化为个体的观念、信仰、良心和荣誉等，成为个体的实际行为活动，才是真实的。

职业伦理道德内化为个体行为，就是个体在职业生活中自觉遵循的礼仪规范，也就是职业礼仪。职业礼仪规范下的个体行为，既是职业伦理的承担者、实践者，又是职业伦理更新的推动者、创造者。因此可以说，女性职业礼仪规范既是职业伦理外化的结果，又是职业伦理“再生产"的动力，因而职业伦理既是女性职业礼仪规范的出发点，也是它的归宿。自古以来，中国人历来把"礼"当作精神道德的规范，而"仪"是其外在的表现，礼仪离开了道德就只是一个没有灵魂的躯壳。因此，培养职业道德才是遵守职业礼仪的前提和基础，探究职业礼仪的基本目的和道德精神，有助于职业女性更进一步理解和履行职业礼仪规范。

在现实的生活中，优秀的职业气质的意蕴体现在敬业和奉献。

一是敬业。

所谓敬业，就是尊重、尊崇自己的职业，热爱自己的岗位、忠于职守、精通业务尽心尽责。敬业作为最基本的职业伦理规范，是对人们工作态度的一种普遍要求，是我们职业伦理品质是否高尚的根本标志之一。

敬业无论在西方还是东方都有着悠久的历史传统。西方人的敬业传统来源于新教伦理的天职观，新教视劳动为上帝赋予的神圣使命和职责。要求在工作中努力勤奋、尽职尽责。在我国的文化传统中，敬业是修身、齐家、治国、平天下之本，唯有敬业修身才能肩负起治国、平天下之大计，完成人生之伟业。"敬"字在中国文化中有很高的位置，如《礼记集解》中所述，"礼仪三百，威仪三千，一言以蔽之，敬也"，敬是人与人交往的首要原则，也是人与人关系的最佳尺度，它要求待人礼貌客气、诚恳尊重、和气谦让。对人的要求如此，对工作也同样。纵观东西方的敬业观可以看到，敬业作为职业道德的核心，作为一种对待事业的态度和行为规范，它要求职业女性在工作态度上严格要求自己、严肃认真、恪尽职守、尽职尽责；在业务上，全力投入、刻苦钻研、精益求精；在职场关系中，与他人相互尊重、密切合作。

职业女性应培养的敬业品质具体表现为：

1. 学会服从。一个职业女性要以敬业的心态对待已拥有的职业，以愉快和乐意的态度接受，以踏实和认真的姿态完成。一旦决定要从事某种职业，或者你一旦从事某种职业，就要立即打起精神，不断地勉励自己，只有在工作中树立坚定的意志和神圣的使命感，不断地向前迈进，才会走向自己梦寐以求的成功境地。

2. 懂得自信。自信表明对自我能力、优势的认可与肯定，自信可以接受各种挑战和工作任务。增强成功的信念，让自己身处更高的挑战之中，同时使自己工作成功的机会也会更多。因此，自信的人是职业中的佼佼者，是每个职业女性应当效仿和学习的。

3. 勤奋自勉。就是对所从事的事业勤勉努力，坚持不懈，始终如一，不怠慢，不放任。一个敬业的人，必然是一个从不懒惰，非常勤奋的人。懒惰的人花费很多精力来逃避工作，却不愿花相同的精力努力完成工作。效率高的人往往有限时完成工作的理念。她们规定做每件事所需的时间，也经常训练自己完成任务的时间观念。职业女性只有使自己成为一个勤奋而忙碌的人，才能成为成功的人。

二是奉献。

奉献和敬业是紧密联系在一起的。奉献以敬业为前提，敬业的结果必然是奉献。所谓奉献，就是要承担责任，能够为他人作贡献。“赠人玫瑰，手有余香”，奉献是在自始至终贯穿着敬业等优良职业道德品质的基础上产生的。奉献是自古以来就受到提倡的崇高精神和奉献精神，是一种道德的完美，体现的是一种道德理想，是精神的升华，在实践中不具有普遍性，它超越了现实时空的限制，把精神的追求指向未来。奉献精神实际涉及的就是“予”和“取”的关系，这是社会分工必然产生的一种交往关系，也是人们生活中的正常现象。随着各类爱心志愿活动的深入，越来越多的女性在公益组织的指导下加入了志愿活动，奉献社会，例如参加环保活动，参与照顾重病儿童，保护流浪动物等，她们利用女性自身的特点奉献社会，可以获得成就感，更有信心的面对工作和生活。而我们从她们的身上，感受到新时代女性的优雅与高贵。

没有女人能抗拒潮流的魅力，然而睿智的女人不仅能敏锐地捕捉到新兴的时尚元素，更懂得细心明智地选购设计简约而富有创意、凸显干练气质的服饰，为自己投资一份恒久的优雅魅力。

二、气质卓越 魅力永恒

“新来的女主任很优雅。”这是办公室的同事们对“头”的评价。《杜拉拉升职记》中的玫瑰既表现出女强人硬朗的一面，又不乏女性的柔媚，一种优雅高贵的人格魅力。在大多数人眼里，人格魅力是最不可捉摸的神秘因子，是一种神秘得近乎神奇的事业推进剂。它是一种迷人的气质和个性魅力，能让别人支持并热情洋溢地发扬光大你的远景，人格魅力能让你成为领导者。

优雅的气质，可谓是生命中最美丽动人的风景之一，但它又令人不可捉摸，就像是一只美丽而狡黠的小松鼠，匆匆掠过，只让我们看到那闪着灵光的皮毛，但我们又不禁要问：那优雅究竟是什么？

优者，胜出也；雅者，不俗也。优雅，脱俗而出使然！

什么是优雅？优雅是一种和谐，非常类似于美丽，只不过美丽是先天的恩赐，而优雅是后天的养成，优雅不是刻意模仿，更不是矫揉造作，否则就是东施效颦。优雅的气质要靠自身的养成，说白了，优雅是让别人看的舒服，举手投足之间感觉到她的教养与文化。

九月的一个傍晚，胡同口的一家茶坊内，灯光柔和，树影扶疏。屋外是人来人往的大街，充满着喧闹却又神秘的气息。

经过一个白天的忙碌后，此刻，你和一位小姐妹，选择了一处不引人注意的安静角落，怡然自得地品尝一杯清茶，讲述着各自生活中有趣的一个个小故事。

月光如水，
梦幻般的音乐，
淡淡的茶香；
闺中密友，
坦诚愉快地聆听与倾诉；
……享受着这一切，你似乎已经忘记了自身的存在。

这时，月移花影，一位恬静的小女子映入你的眼帘，款款大方地落座在与你相距不远的地方。

顷刻间，你与闺蜜的轻声交谈戛然而止。

在闪烁的霓虹灯下你看到她：
得体的穿着，
恰切的举止，
轻盈的笑意，
月移花影动，疑是玉人来……

这样的场景，这样的插曲，在我们的生活中比比皆是。其实这就是优雅的魅力。

也许你就是小小的茶屋中的那个“你”，那个“朋友”，那个“倩影”……这都无关紧要。事实上，面对面地感受“气质”，几乎是每一个追求生命价值的现代人的普遍体验。优雅的气质要靠仪态来表现，或者说，仪态是女人气质的完美展现。

仪态是如何养成的呢？

心理学研究表明，女性在和他人对话时，语言的表现只占 30% 左右，而其他部分都是依靠肢体语言来表现的。因此，女性在社交等场合应该注意自己的仪态——通过学习礼仪可以增加你的个人魅力。

很多女性不愿意花时间去了解礼仪，认为礼仪只是一种死板的规则，会束缚自己的自由。而实际上，对这些约定俗成的规则进行适当地了解，并非是对自己的限制，而是对自身的释放。因为只有通晓礼仪并以此约束自己的女人才能让自己表现得更加落落大方。

做一个仪态得体的女人，要从细节做起。日常生活中，女性在与人交谈时，说话语气应当始终保持柔和甜美，语速适中，并且手势要适当，不要过多，以免引起别人的反感。同时在对方说话时，女性应当注视对方，保持甜美的微笑，不时点头附和，切忌突然打断他人的谈话或是抢别人的话头，扰乱别人的思路。

在别人说完话后，女性应当针对对方的话语提出问题，然后注视对方，等待对方的回答。不要像连珠炮似的连连发问，让人觉得你的要求过高，以至于产生反感。他人向你提出问题时，你要仔细倾听并予以回答，回答要有力，要能够解除对方的疑惑。如果你实在回答不了对方提出的问题，也应当微笑着向对方表示歉意。

谈话时，不要长篇大论。如果女性经常絮絮叨叨地谈论一些鸡毛蒜皮的琐事，语意单调、重复，会让对方失去谈话的兴趣，并对你的个人修养产生怀疑。

须要注意的一点是：不论在哪种场合，微笑都是最好的武器。在社交场合，嫣然一笑，定会为你赢得青睐的目光。

此外，日常行为举止，是最能够体现女性内在修养的外部表现形式。

女性在站立的时候，应当把身体和重心放在一只脚上，另一只腿微曲，而不要双手抱胸，翘起脚尖，这会给人一种目空一切的感觉，使人无法接近。在街上行走时，要挺胸抬头，步伐不要太大，切忌含胸低头而行。捡拾掉到地上的东西时，不可直接弯腰去捡，而应先身体微侧，将双膝并拢，缓缓下蹲。如果是在夏天，要用另外一只手捂住上衣领口，防止走光。

在交际场合入座时，要双腿并拢，不要张开，更不要跷二郎腿，不要抖动腿部，坐时应当挺胸，背部伸直，轻靠在椅背上。同时切忌将整个身子陷入椅子中，这会给人一种不雅观的印象。女性夏季着裙装时，应一手捂住上衣领口，一手捋顺裙子，缓缓坐下。

和人握手时，眼睛应当和善地望着对方，身体微倾，右手伸出。握手的时间不要太长，也不要太用力，不要抓住对方的手摇晃不停。此外，在社交等场合，女性应当保持姿态的高雅，不要在陌生人面前抓耳挠腮、拨弄头发、挖鼻孔等，这些行为都会让人产生反感。

女范儿点睛

职业女性的气质意蕴主要是看她的仪态，仪态是一个人内心的外在表现，直接关系着对方对你的评价。尤其是在和陌生人进行交际时，粗鲁而不得体的仪态，都会让对方感觉你没有涵养。因此，做一个优雅有气质的女人，一定要注意自己的仪态。

案例分享 女主管"气场"的培养

精明的管理者心中有数、仪表有度。这是因为她们身上能显示出"领导形象"的气场。

图为 Sara Lee Corp. 副总裁贾妮·沙利特（Janie Sharritt）在形象改造前后的对比照片。

对于贾妮·沙利特来说，几年前的一次形象改造帮助她塑造出了庄重的管理者的形象，这正是她进一步晋升所需要的。如今的她已是 Sara Lee Corp. 的副总裁了。

2005 年，在另一家消费品制造企业工作的沙利特刚刚晋升为中层经理。她喜欢梳马尾辫，很少化妆，穿卡其裤、套头衫和休闲鞋（见图片左）。但参加了形象教练约恩纳·马丁（Jonna Martin）主讲的"形象的力量"工作坊后，她换上了一身专业装扮。她的全新形象包括优雅的发型、考究的长裤和上衣、高跟鞋、华美的项链和容妆（见图片右）。

她认为这些改变提升了她的自信心，使她的想法更快地被高层管理者接受。她说，"过去，我不知道自己能这么快被认同"。四年前，她加入了 Sara Lee Corp. 。

工作 - 生活策略中心（Center for Work - Life Policy）是一家位于纽约的智库，该中心去年年底发布的一项研究结果称，有领导形象的管理者行为自信、果断、深谋远虑。

当公司面对复杂的市场环境或者中层管理者减少时，领导形象的作用愈显重要。纽约培训公司 Stratex Consulting 的负责人斯蒂芬妮·史密斯（Stefanie Smith）警告说："如今上任后允许你建立持久形象的时间比以前少了。"现在，她的培训业务中，75%涉及提升客户形象，而在2007年，这一比例仅为35%。包括英特尔公司（Intel Corp.）在内的数家大公司最近都为有抱负的员工开办了关于高管形象的课程。英特尔公司的首席多元化执行长罗莎琳德·赫德内尔（Rosalind Hudnell）说，去年，当她意识到有前途的女性技术高手需要更多帮助以使她们的观点在公司内部更容易得到接受后，便为她们开办了"管理者形象"工作坊。这家电脑芯片生产商的近200名女性员工参加了这次4小时的课程。

据英特尔公司的发言人称，这些中层员工就以"如何在中层会议上陈述自己的意见"为题，举行模拟会议，并且请公司的高管参加，通过实地演练，学会了如何有效地发言。

赫德内尔回忆道，她本人之所以能长期做好管理工作，"依靠的是我掌控所有下属的能力。"她认为高管形象也包括掌控其他领导者的能力。

如何改进你的形象呢？作为初学者，你应该准确找出你的优点和缺点。费城一位高管教练卡伦·考夫曼（Karen Kaufman）说，"人们往往对自己最大的缺点视而不见。"

研究公司Spencer Stuart的CEO招聘官詹姆斯·西特林（James Citrin）说，你可以将工作场所中观察到的高管权威形象记录下来，借此搜集更多线索，不妨模仿他们的行为，只要这些行为你做起来也能自然得体。西特林提起他最近观察过的一位CEO应聘者，这位应聘者到一家市值100亿美元的公司的招聘委员会面试，他回答他们的问题时缓慢却非常清晰，并依次直视每位委员的眼睛。

正式的帮助支持能让你做出更大改变。这些支持包括高管教练开办的泛讲班、发声课程、演讲培训和即兴表演课。

2009年，纽约郊区一家中型科技公司的高管贾森·伯恩斯坦（Jason Bernstein）参加了迪·索德（Dee Soder）教练的培训班以提升自我形象。索德博士是一位行业心理学家，是纽约高管评估与咨询公司Perspective Group的创建者，她说："不了解他的人可能领会不到他高昂的能量和干劲，因为他是个如此随和的人。"

伯恩斯坦说，为了纠正这种错误印象，他听取了索德博士的许多建议。他试着避免在对员工下命令时语气单调，在开会时坐得笔挺，并在会议桌上用水瓶和笔记本标示出他的势力范围，表现出有力的自信。

伯恩斯坦说，索德博士还鼓励他在同意其他人的观点时轻轻挥手而不是点头，“以表示你明白了”。

伯恩斯坦解释说，“点头是某种表示顺从的动作。我发现这是最难做的事情之一。”他说高管形象培训“帮助提高了别人对我业绩的评价”，他在董事会上的发言和领导能力很快得到了赞扬。

同事们也会注意到你领导形象中的缺陷。但通常很难得到坦诚的反馈。一家大型金融服务公司的总经理吉莉恩·克里斯蒂（Gillian Christie）说，“你得自己主动去询问。”她记得在以前工作的公司中，同事们曾暗示她爱在会议上作秀，因为她的行为让他们感到受了威胁。

克里斯蒂接着说，她现在发言后经常征询同事们的意见。有些人回答说：“你有点儿傲慢。”于是，她便放低了发言时强有力的声调，尽量使语气平和。

英特尔公司的赫德内尔发现，男同事首次出现在高管团队之前，通常会征询她的建议。他们想知道谁会问最刁钻的问题。而很多女同事只会在发言“不太理想”之后征询她的意见。

这个想法使赫德内尔产生了为优秀的女性员工开办演讲工作坊的灵感。她说：“你必须拥有能让自己脱颖而出的领导形象。”

三、言之有礼　听出气质

锣鼓听音，听话听声。上边这个案例是说外国女主管发言时让同事不舒服，在国内这种事则更为常见。失礼的言语和过于强势的语气，会引起他人的反感和抵触。身为女性，要培养与他人沟通时的沉稳流畅、含蓄和包容的能力，好好运用女性阴柔的天性，培养亲和力，让自己能在平和的状态里，用智慧和能力去解决职场上遇到的问题。虚怀若谷的态度可以获得职场上的好人缘，让你的内心柔软。处事灵活且婉转，更能提升自我包容力，这样更能为你赢得上司、客户和同事对你的尊敬与敬重。

语言学家王力曾经说过："说话是最容易的事，也是最难的事。最容易，因为三岁的小孩也会说话；最难，因为最擅长辞令的外交家也有说错话的时候。"说话是一门艺术，也是一门学问。其实细细观察，真正掌握了说话这门艺术的女人少而又少。有的女人说话不经过大脑，结果"言多必失"，而有的女人说话却极具吸引力，这样的女人走到哪里都会受到大家的欣赏和由衷的喜欢。

真实、毫无矫饰、率真，这些词对于现代女性来说，是好的，可是，却不是最好的。你是否想过，假若你口若悬河、滔滔不绝、出口成章、旁征博引，过于率真，毫不矫饰，是否会伤害到对方的感情，甚至改变了你在对方心中原有的美好形象，甚至搞僵了人际关系。因为此时的你只是一个"口才家"，却不是会说话的"艺术家"。所以，除了以上这些美好的形容词外，很多人都忽视了最重要的一点。

作为现代女性应根据场合，做出不同的姿态，与人交流时，应选择恰当的词汇，含蓄地表达内心的想法。如此一来，无论面对怎样刻薄的人，无论面临如何困难的处境，都可以自如地运用语言技巧，选择恰当的交际形式，避免失误，扭转乾坤。相反，假若你未掌握说话的技巧，在进行谈话时很容易会陷入尴尬的处境。你只要学会"言之有礼"，必定会以不变应万变。

首先，要学会赞美他人。无论是谁，都希望得到他人的赏识，希望自己的存在得到他人的认可。所以不要吝啬你的赞美，尤其赞美那些对方十分在意的地方，会让人流露出由衷的笑容。看到同事新做的发型，新换的服饰，都可以对对方赞美一番。在你来我往中，感情自然而然地便升温了。

其次，养成使用敬语、谦语、雅语的好习惯。这一方面是礼节上的必须，另一方面也体现了你待人处世的能力以及文化修养。例如，希望他人指点批评时用"请教"，希望他人原谅可以用"包涵"，麻烦别人之前先说句"打扰"，赞赏他人意见之时选"高见"，在生活中运用这些词，你一定会大放光彩，与众不同。

再次，知性的你说话须含蓄而有分寸。尤其当你身处办公室时，实际上也是身处流言飞语之地，要懂得保护自己。在办公室说话需要有分寸，尽量不去触碰敏感话题，不要总是试图探听他人的隐私和公司的隐私。不要随口对同事发牢骚，对同事诉说自己的工作有多么辛苦，否则这些话一旦落入老板的耳朵里，你恐怕连申辩的权利都没有。而对于自己的私生活，更要避而不谈，一方面留有神秘之感，另一方面也会让大家明白你是一个公私分明的人，而对你倍加赏识和尊重。

最后，还需要美化声音，也就是要注意自己的语音、语调。在不同的场合，与不同层次和类型的人说话，要注意调节自己的语速和声高。声音过大，会让人有烦躁之感；声音过小，会让人认为你没有自信，从而产生不信任的感觉。在重大会议中，说话要稳并清晰有力，这样的你才能对他人产生一种威慑力。而和上司谈公事时，声音要柔，要在声音中带有一丝谦逊和请教的意味。这样，你的淑媛气质一定会众人称道。

四、微笑是天下最美的表情

不管是在职场还是在家里，女“范儿”要的是沉稳的霸气，用女人的阴柔，应对阳刚。

惠普公司前全球执行长卡莉·菲欧莉娜（Carleton S. Fiorina）就是一个很好的例子。卡莉有着一头金色短发，从衣着打扮到体态健康的保持均十分得体。在她的回忆录里，我看到她从年轻、充满浪漫与梦幻的小女人蜕变为成熟又干练的女强人。卡莉年轻时，还是一个十足以夫为贵的小女人，但是她的第一段婚姻最终还是以男方的背叛收场。但是这些挫败丝毫没有击败她，反而更激励她为自己的人生展开一连串精彩的挑战，同时也令她遇见更适合她的另外一半法兰克。

卡莉在美国修完第一个商业硕士学位后，随即进入了美国电话电报通讯公司 AT&T。凭借着女性坚毅不放弃的恒心与耐力，她领导着自己的团队，找出新的服务与契机，最终赢得美国政府非国防系统采购案 FTS2000 高达两百五十亿美元的标案，也为自己的职业生涯添上一笔傲人的成绩。

接着她又申请进入麻省理工学院的史隆管理学院（Sloan School of Management），并完成理科方面的企管硕士学位，之后进入惠普，促成惠普与康柏（Compaq）的合并。尽管之后关于她的争议未曾间断，但是她处理危机、面对挑战的抗压能力与机智，已经成为女性经理人之典范。

卡莉在职场上，屡屡巧妙地运用女性的特质，给许多男性优势族群意想不到的迎头重击，获得最终的胜利。此外，在职场上她常常遭到性别歧视，但她从来没认输过，反而能以缜密的心思，让对方措手不及。她就是一位非常能够善用女性优势与特质，巧为江山美人的代表人物。这里所说的女性的特质与优势，最直观的就是你的微笑。

"回眸一笑百媚生，六宫粉黛无颜色。"此言虽然不无诗人的夸张，但它曾让多少女性为之羡慕和神往。在外面，也许你做不到"百媚生"的效果，但能让和你沟通的人感到舒适自然；

在家里，随时保持微笑，注意自己的日常仪容，盈盈笑意能让你凭添魅力。

有哲人说，微笑是天下最美的表情。知性女人可把这句话作为自己的座右铭。这样即使你的容貌稍有抱歉，你的妆容不是很令人满意，也会让人得出"这人看着面善"的结论，从而对你产生好感。毕竟，谁都不想和一个冷若冰霜的人打交道，更何况是一个女人呢！当然，如果你的职业是T型台上的模特，那就另当别论，你尽可把冷傲作为经典表情。否则的话，还是让自己的眉眼飞扬一点，让自己的唇角略带笑意，如果你还不习惯微笑，可以先面对镜子练一练，直到自己愿意和镜子中的人交谈为止。

不要说，我又没有开心事儿，整天笑着是不是很傻。其实，微笑不是因为有喜事，而是一种内心的平静和喜悦在眉目之间的流转，妙在笑与不笑之间。对，就是那种蒙娜丽莎式的微笑，让人总想去探究，总想去捕捉住那点似有似无的意味。

就是这种似有似无之间的笑意，最能提升你的气质。本来嘛，气质就是一种可意会而不可言传的感觉，就像一杯透明的水，只有喝了，你才会知道那里面是加了盐的。这样说，似乎有些玄妙了，但如果你见过那种带有盈盈笑意、含而不露的女子，就会知道什么是微笑的魅力，微笑的女人明白：

待人宽一分是福，利人是利己的根基。

微笑让女人有着美丽的心情；

微笑让女人有着宽松的环境；

微笑让女人有着迷人的风采；

微笑让女人有着青春的容颜！

微笑的女人是温柔的；

微笑的女人是可爱的；

微笑的女人是可亲的。

五、世上没有两片相同的树叶

或许你会问，全球能有几个卡莉·菲欧莉娜？2005 年她已从惠普辞职，况且今天的惠普已开始从个人电脑业务，力图向软件开发业转型，她的例子未免太遥远了。

很多人把卡莉·菲欧莉娜的成功看成是女性特有的性别优势，可卡莉自己却宁愿将性别问题淡化。她说："我首先是管理者，然后才是女人。"这个例子是在跟所有人分享她刚毅的个性，以及她遇到挫折时的平和心态。

花儿娇艳，但你看到了吗？荷叶田田，簇拥荷花的绿叶没有一片是相同的；月移花影，茉莉花与映日荷花的不同是：一个是晚间留香，清新醉人，一个是面向朝阳，别样风情。

看看 2011 年荣升英国皇妃的凯特·米德尔顿。凯特出身平民，克服重重困难走入王室，除了其所做的种种努力之外，凯特还展现了她迷人的风采和良好的教养。她不仅成绩优异，而且还是个善于把握爱之机遇的聪慧女孩。正是这样一个平民女孩迷倒了温莎皇室成员。

这张照片是凯特的背影。这是英国最知名的杂志的插图，在这本刊物上，作者谈及了凯特的家庭和朋友，借由他们的描述，讲述了一个普通女孩从一个小镇最终走进王室的不平凡的故事。文中还收录了数十幅从未对外公开的珍贵照片。

走入王宫的新王妃，在公开场合亮相的凯特几乎无可挑剔，她的着装品位更是得到媒体的集体称赞。

其实，要成为江山美人不难，只要你正确地认识自己，明白你的过去和现在，无论是在公司还是家里，你也能上得厅堂、下得厨房，做个如鱼得水，里里外外独当一面的女当家。

俗话说："人如其面，各有不同。"生活中，每一位女性都有其独特的个性特点，有的人性情温柔，有的脾气火暴，有的人常常谈笑风生，有的人往往沉默寡言。这些特征在一个人身上的表现是比较稳定的，使我们把一个人与另一个人区分。

你也许会问，既然如此，那还怎么能加以修养呢？

其实，人的个性是有一定可塑性的，它可以随着现实环境的多样和改变而或多或少地发生变化，自我调节起着非常重要的作用。打造个性、塑造个性也并不是神话，关键在于，你的个性是否令人喜爱。

那么，怎么才叫有迷人的个性呢？

首先，你要对其他人的生活、工作表示出体贴。每个人都认为自己是个特别的个体，每个人都希望受人重视，我们要注意这一点，承认每个人的独特的价值。如果你对他人表示了足够的关心，他人必会对你有所回报的，他们会说你"这个人真好，特热情，特能关心体贴人"，并到处向人夸奖你的好处。这一来，你岂不是可以成为一个人人喜爱的人了吗？

其次，健康、充满活力和丰富的想象力也会你显得迷人可爱。大家都喜欢富有朝气、活力四射的人，而没有人会喜欢无精打采、暮气沉沉的人。轻松活泼的你可以给周围的人带来一股清新之气，周围的人也会因你的感染而发生改变，相信人人都会因此而喜欢你的。

再次，要有容人的气量，这是你塑造自己迷人个性的重要一条。每个人都希望自己能被人接纳，希望能够轻松地与人相处，希望和能够接受自己的人在一起。那些专门吹毛求疵找人家的毛病的人，是一定不会受人欢迎的。所以，你千万不要试图叫别人的行动合乎自己的准则，而要给对方以充分的自由空间，要让你身旁的人感到轻松自在。尤其是在夫妻之间，做妻子的一定要能包容丈夫，要爱他、信任他，这样他才会充满自信地接受外界的任何挑战。一个能包容自己丈夫的人，必定会得到丈夫的加倍怜爱。相反，如果丈夫回家后，妻子只会唠叨，抱怨不停，他的自信、自尊心会大受打击而变得低落，甚至对妻子失去耐心，因相互挑毛病而感情低落，这样的结局就不太美妙了。难怪有位大企业家透露他的用人秘诀：在想提升某人之前，先去调查他的妻子，这里并不是调查她长得漂亮不漂亮、会不会做饭，而是调查她是否能让她的先生充满自信。

最后，要经常看到别人的优点，夸奖甚至连他们自己都不能很自觉地意识到的长处，这样可以使被夸奖的人感到非常高兴，他又怎么会不觉得你是那么善解人意和富有吸引力呢？也就是说，我们不能只停留在接受忍耐他人的缺点上，还要更进一步找出他人的长处。每个人都一定会拥有不大为人所知的优点，只要你有心，这样做并不难。

一个女人，容貌的美丑只不过给人们暂时的印象，美的仪态、温柔、诚恳的性格，不但能补救容貌上的瑕疵，同时能够给对方一个不易磨灭的印象。因而，修养你的个性，是你心灵的至宝，更是你的财富。

下列数点，是你修养个性的良方。

亲切：一个女人，对人有适当的矜持是必要的，但不可忘了亲切待人，尤其是欺贫重富的势利眼是最要不得的。我们当从内心发出爱人、关心别人、对别人乐意帮助的精神。

容忍：待人不可太苛求，要常常宽恕别人无心的过失。尤其是与人交往不可吹毛求疵，而要多为他人着想。

仁慈：不单对自己的家人要有爱心，就是对男人也应有“爱人知己”的精神，要有常做“和事佬”的热心。

温柔：这是女孩最重要的德行。它不是懦弱或毫无主张，任人摆布；而是对别人不急躁、不粗鲁，对人平和，处事安详。

诚恳：不口是心非，无论说什么、做什么，须由内心发出；帮助别人，须诚心诚意，不带有目的。

和善：对人要平和善良，彬彬有礼，不可粗野，不可放荡，更不可有恶行的表现。

高尚：高尚的思想与品格，这当然不是三两天所能达到的。应该从多方面去学习、去追求，从书中向模范人物学习来改进自己。

说话：注意你说话是否太多。多嘴多舌、搬弄是非的女人是永远不会受人欢迎的。还有谈话时声音太响亮，惹人注目，也不是聪明的举动。

笑容：你对人时常有笑容吗？呆若木鸡，见人毫无反应，惹人讨厌。只有充满柔和微笑的女性，才会使人乐意亲近，并可增加几分妩媚；此外，笑容还要自然、发自内心切忌发出不由心的微笑。一举一动要自然大方，端正庄重，切忌矫揉造作。

六、亲疏有致，在时尚面前 HOLD 住

世上没有两片相同的叶子，是提醒你要把持自己的个性，但是时尚就是时尚，追求时尚是女人的天性，时尚的女人总是让人眼前一亮，可谓"时尚打造魅力"。即便如此，每当不知道今年穿什么，很多女人都说，跟着流行走，准没错。

时尚有点像网络流行语，年初的词是"给力"，新华社的官方文章都用了这个词；现在又是 hold 住姐[①]，hold 住不仅蹿红媒体，就连公司里团队发言动不动也 hold 住。

所谓时尚，说白了是指一个时期内社会或某一群体中广泛流传的生活方式，是一个时代的表达。它是在一定的历史时期，一定数量范围的人，受某种意识的驱使，以模仿为媒介而普遍采用某种生活行为、生活方式或观念意识时所形成的社会现象。现代社会生活节奏加快，时尚也更迭得快。比如，今年流行动感华丽、高科技、浪漫情调，于是简约、原生态、穿越时空，五光十色、层层叠叠，令人眼花缭乱。

---

① 这个词出于毕业于巴黎"某时尚学院"的 Miss Lin（谢依霖）凭借着夸张的造型和搞笑的做派引人捧腹，给大家留下了深刻的印象。关于她的视频和图片在网络上被疯传，因为她表演时常用"hold 住"一词，Miss Lin 得名"hold 住姐"。

这样的实例屡见不鲜，正因为商家与时尚媒体了解女性的心理，才会推出一个又一个所谓的流行趋势与流行元素。于是爱美的女人、追求时尚的女人，害怕落伍的女人，便在这样的一个又一个时尚中消磨了自己的个性。

家里家外，面对时尚，我们如何对待呢？

首先，与时尚保持点儿距离。

时尚在一定程度上意味着品位，追求时尚的女性在一定意义上提升了自己的品位。我们可以关注当下的时尚资讯与时尚元素，在这样的过程中，拓宽了眼界，提高了自身的审美标准。所以不能拒绝时尚，与时尚亲密接触，不仅增加审美趣味，也在这样的时尚资讯中获得美的体验。

然而，女人与时尚亲密接触，就像谈恋爱。尤其是初次相识，对待自己的心仪之人，也不能傻实诚，倾囊相授。即使是“来电”快也不能没有了自己的空间，失去了最初的光泽；在家里也是一样，你要与时尚保持一丁点距离。公婆妯娌，街坊邻里，距离产生美，跳出它的全部，你才能真正地正视它、品读它。遇到自己心动的男友也要多问问：他真的有这么好吗？真的这么适合自己吗？又真的值得吗？

其次，既要随性又要尊重彼此的个性。

哪个女人没有闺中密友？你们可以同处一室，手拉手地招摇过市，甜腻地称呼彼此“亲爱的”，甚至可以在对方的面颊印上唇印。这种亲密无间的闺蜜也许她会给你带来很多生活乐趣，也许她身上总有一股新鲜的时尚气息……

但与“闺中密友”亲密相处还要保持一定的距离，遇到个唧唧喳喳，有心没肺的婆娘会泄露出你的私密噢。

无论两个人怎样要好，彼此之间那点应有的尊敬总是不可少的。

朋友间理智相处，亲疏有致，既要保持自己的个性，又要力求随缘，换句话说，先要充实自己，让自己有光芒。这样，在交友方面，你才进可以攻，退可以守，你才不会为友情忧虑紧张，惶惶不可终日。

在单位，你要用吸引力去交朋友，而不要施舍恩惠或用阿谀的方法去求朋友。不要希望每一个人都是你的朋友，友情应该顺其自然。爱朋

友，喜欢朋友，用诚意去对待朋友，但不要倚赖朋友，更不要苛求朋友。能做到这几点你才可以享受到交友的快乐。

女人追求时尚，无疑是为了使自己变得更优雅更出众。可是，物极必反的道理亦是如此，宁可"不时尚"，也不"滥时尚"。要懂得怎样的自己最美丽，新的尝试固然重要，但更重要的是不要在屡屡尝试中迷失了自己，失去了自己曾经最美最动人的特质，那你便得不偿失了。

"保持距离"不仅能维持朋友之间的友情，还能够舒展你迷人的个性！

七、气质需要艺术的滋润

艺术是人类生命与生活的一部分，少了艺术熏陶，心灵将变得空虚寂寥；艺术也是缓解生活压力的一杯清茶，让艺术贴近生活，除了可以提升个人层次外，还可以带来许多意外的乐趣。

现在的80后、90后女性大多有过学习琴棋书画或者各种舞台艺术的经历。这种学习经历为你修养优雅气质打下了基础。看一看这幅油画：

这幅油画的名字叫《读书女孩》（也译作《读书的少女》），是法国画家让·弗拉格纳尔的代表作，也是洛可可绘画风格的重要作品。这种风格以当代风俗为背景，用轻快的笔触表现抒情、风雅的诱人画面。

画面的少女侧面而坐，仪态万方，典雅而文静，色彩的表现力也恰到好处：衣裙的金黄色度是饱满的，它增强了少女形态的魅力；整个画面是抒情的，青春的美与视觉上的愉悦油然而生。

画中少女真的是完全沉浸于阅读本身：画面只有一张扶手椅和一个蓬松的靠垫。少女将后背舒适地靠在垫子上，仿佛忘却了自己贵族小姐的体面与修养。少女看起来十分聪颖。她并非在表演阅读，从她的眼神与表情便可洞察她气质的知性与典雅。

全身心沉醉在书中的或许画中的少女正在体验着一位英俊青年的炙热情爱，又或许是憧憬得到王妃的垂青而成为社交界的一颗新星。无论他人如何揣摩，画中少女所做的不过是真实地感受这一温馨的时光。

欣赏这幅作品意在培养你优雅的气质，画画是不错的选择。画画可以锻炼一个人的专注力及耐性，同时也可以刺激脑部，启发对色彩、图像、空间的思考，每调一次色，每调兑一次颜料，都会有连连的惊喜。一旦画久了，你会突然发现自己对周围的人或事物，都会产生不同的感触，正所谓随处都有乐趣可得。

艺术贴近于生活，它没有你想象中的遥远，就在于你有没有看到它、捕捉它。接近艺术的方法有很多，比如，到北京通州宋庄画家村走走，感受北漂画家如何让我们的生活变得更有品味；或者到“798”看看当下的创意产业，也可以顺便欣赏一下他们充满寓意的作品，吸收他们灵活的创意，对你的生活和工作都会很有好处。

除了绘画，音乐无疑也是高雅的艺术形式。它与你倾诉衷肠，陶冶你的性情，无论你是愉悦还是多愁善感，那也是最真实的你，最性情的你，最美的你。音乐总是为你的生活增添无尽的魅力与情趣，如春萌细雨，润物无声，怡情养性尽在美妙的音乐中。

有没有想过，女人本身就是一段音乐，女人如音乐，或低诉柔美、或热烈如火、或迷离娇羞。音乐带给女人回忆、憧憬，韵律如晓风习习，丝丝缕缕，情真意切；音符似涓涓溪流，清净你的心灵。正是因为女人与音乐如此的亲密，没有音乐，你的生活必定单调而乏味。音乐在每一个女人的生命中都应占据一个无法比拟的位置，女人有了音乐，恰似晴阳冲散了阴霾，犹如开心驱走了沮丧，在这样的款款倾诉中，你因音乐而改变，气质因音乐而升华

与三五好友看场表演，感受一下话剧、音乐、戏剧、舞蹈的震撼与魅力。相信经过一次洗礼后，会触动你内心深处对艺术的向往。每个人的感动都不同，但每一次的回味与思考，都会为自己的人生和生命的价值，带来更多不同的思考。不断感受迄今为止我们人类灵魂所达到的最深处。

也许你觉得自己的生活太无趣、太平淡，很有可能是因为太久没有为自己举办任何形式的艺术飨宴。艺术随处可见，随手可得，如果觉得现在的生活苦闷又乏味，不如选一个自己喜欢的领域去学习、接触，你的心灵层次将会有所提升，性格将会得到改变，世界观也会变得不同。许多做人处世的态度，也会有所修正。艺术就是一种生活的美感，有美感的生活可以带来心灵上的满足，带动身体的健康，还可以修炼内在。不管你喜欢什么，就敞开心胸去拥抱它吧。

艺术随处可得。window shopping 可以欣赏到时尚设计的各种元素，也可以感受到独立设计师的特色与风格；户外郊游旅行，也可以欣赏到许多当地的文化、历史，也可以欣赏到各式各样的建筑风格：看场电影或表演，可以激起个人内在思考及创意。

如果你愿意找寻一个对你而言充满魅力，而且富有强烈学习动机的目标或领域，试着跨入自己喜欢的艺术领域，你将会发现存在于自己内

在强大的小宇宙。将在自己的世界里，找到强烈的认同感与归属感，找到表现自我的一个舞台。我们不用期待别人的掌声，但我们可享受创作与自我突破的快乐与成就感。前面说过气质犹如一块璞玉，经过艺术的浸润，你一定会魅力夺人。

女范儿点睛

个性和人格，是人们立身处世的关键，所以发展个性、健全人格，是做人最重要的条件。我们切勿埋没自己的个性和人格，盲目模仿他人，东施效颦。事实上，绝没有两个天生同样性格的人，或偏于阳刚，或近于温柔，有勇于进取的人，有长于保守的人，绝不能削足适履，绝不可隐藏自己的个性，而应像模子一样塑出另一种模型。

第3章

相夫教子　巧媳妇才是范儿

1. 好媳妇懂礼节、知孝道
2. 社会转型期间的为妻之礼
3. 单亲家庭如何摆平事业与家庭

一、好媳妇懂礼节、知孝道

家庭生活中的女性礼仪指的是在长期的家庭生活中，女性用以与其他成员沟通思想、交流信息、联络感情而形成的符合“礼”的精神的行为准则和礼节、仪式的总称。家庭生活中的女性礼仪不仅是女性修养的体现，同时也是维持家庭幸福的基础。

按照《公民道德建设纲要》中关于家庭美德建设的要求，现代家庭关系包含了家庭内部关系和家庭外部关系两个方面。家庭内部关系主要指以两性关系和亲子关系为基础的家庭成员之间的关系，包括夫妻关系、父母子女关系和兄弟姐妹关系；家庭外部关系主要指血缘、姻亲关系所延伸的亲属关系，日常交往所形成的朋友关系以及家庭居住所形成的邻里关系。

在家庭生活中，女性应遵循的礼仪规范，集中体现在称谓礼仪、关系礼仪、迎访与拜访礼仪三个方面，其中关系礼仪是最重要、最核心的内容。

（一）称谓礼仪

在家庭中，女性应当把握与不同家庭成员之间的关系的差异，准确使用不同称谓，尤其要注意礼貌性和规范性。

1. 把握礼貌称谓的基本规范

（1）严格区分长幼尊卑

在家庭称谓礼仪中，第一要把握的就是长幼尊卑的问题。在开口称呼前，首先要确定对方的辈分、地位，尤其在人员较为复杂的家庭中，不能简单地以对方的年龄或外貌来决定对方的称谓。如果是对外称呼家庭成员，还应把握尊卑，一般来说是外为尊，内为卑。就是说，称呼别人的家人，应使用敬语，而称呼自己家里的人，应使用谦语。如称呼别人的父母，应称“令尊、令堂”，而称呼自己的父母，应称“家父、家母”等。

（2）准确使用敬称、谦称

在中国传统礼仪中，常以“尊、贵、大、台”等构成敬称语，如“尊驾”、“大驾”、“贵府”、“贵体”、“台驾”、“台鉴”等。这些敬称语在现代礼仪的一些正式场合，也还在使用，如“欢迎大驾光临”、“贵姓”等。现代礼仪中，称呼长者使用较多的敬称语是“老”字，如“老人家”、“老先生”、“老伯”等，有时称呼德高望重的老人，还可以在其姓氏后加“老”字，如“李老”、“钱老”、“赵老”等，以表敬重。如果是称呼别人或其家人可使用“令、尊、贤”等敬称，如“令堂、令郎、尊夫人、贤弟”等；如果是对外称呼自己家里人，则可用“家、舍、敝”等谦称。如“家父、舍弟、敝人”等。值得注意的是，因为这些敬称本身已经包含了第二人称的意义，谦称已经包含了第一人称的意义，所以在使用时不能在前面再加人称代词，否则会闹笑话。

（3）灵活把握不同场合

称谓的变化还会因为场合不同而有所不同。如果在很亲密的家庭氛围中，还一本正经的使用尊称、敬称，则显得有些不近人情，而在很严肃庄重的场合使用昵称，又显得不合时宜。一般来说，在私人的、熟悉的、亲密的环境里，对亲属的称呼可以随意一点，但也不可以长幼不分；在对外的、公开的、生疏的、庄重的场合，则应注意按照礼仪规范使用称谓。有的时候还应该抛开亲属关系，按照公众的称谓如职衔来称呼亲属。比如在学校课堂上，如果女儿是学生，而妈妈正好是老师，那么，女儿此时应该称呼妈妈为“老师”，而妈妈也不可以称呼女儿为“宝宝”或其他昵称而应叫她的学名。

2. 家庭关系中的常用称谓

（1）对父系亲属的称谓

称呼对象	称呼	自称
父亲	父亲、爸爸、爹爹	女儿
父亲的祖父、祖母	曾祖父、曾祖母	曾孙女
父亲的父亲、母亲	祖父、祖母（爷爷、奶奶）	孙女
父亲的姑父、姑母	姑爷爷、姑奶奶	内侄孙女
父亲的舅父、舅母	舅爷爷、舅奶奶	外孙女
父亲的姨父、姨母	姨爷爷、姨奶奶	外孙女
父亲的哥哥、嫂子	伯父、伯母	侄女

续表

称呼对象	称呼	自称
父亲的弟弟、弟媳	叔叔、婶婶	侄女
父亲的姐妹及其丈夫	姑妈、姑父	侄女
父亲的侄儿、侄媳	堂哥、堂嫂、堂弟、堂弟媳	堂妹、堂姐
父亲的侄女、侄女婿	堂姐、堂姐夫、堂妹、堂妹夫	堂妹、堂姐

（2）对母系亲属的称谓

称呼对象	称呼	自称
母亲	母亲、妈妈、娘	女儿
母亲的祖父、祖母	外曾祖父、外曾祖母	外曾孙女
母亲的父亲、母亲	外祖父、外祖母（外公、外婆）	外孙女
母亲的兄弟及其妻子	舅舅、舅妈	外甥女
母亲的姐妹及其丈夫	姨妈、姨父	外甥女
母亲的表兄弟、姐妹	表舅父、表姨母	表外甥女

（3）对兄弟姐妹亲属的称谓

称呼对象	称呼	自称
哥哥及其妻子	哥哥、嫂嫂	妹妹
弟弟及其妻子	弟弟、弟媳	姐姐
姐姐及其丈夫	姐姐、姐夫	妹妹
妹妹及其丈夫	妹妹、妹夫	姐姐
叔伯之女及其丈夫	堂姐、堂姐夫、堂妹、堂妹夫	堂妹、堂姐
姑父、舅父、姨父之女及其丈夫	表姐、表姐夫、表妹、表妹夫	表妹、表姐

（4）对丈夫家亲属的称谓

称呼对象	称呼	自称
丈夫	丈夫、爱人、先生	妻子、夫人
丈夫的祖父、祖母	爷爷、奶奶	孙媳
丈夫的父亲、母亲	公公、婆婆（爸爸、妈妈）	儿媳
丈夫的兄弟及其妻子	大伯、嫂嫂、小叔、弟媳	弟媳、嫂子

续表

称呼对象	称呼	自称
丈夫的姐妹及其丈夫	大（小）姑子、姑爷	弟媳、嫂子
丈夫的姑母、姑父	姑母、姑父	侄媳
丈夫的舅父、舅母	舅舅、舅妈	甥媳

除上述在家庭关系中常见的称谓外，女性还应该了解一些常见的亲属合称称谓，如公孙（祖父与孙子女）、叔伯（叔父与伯父）、叔侄（叔父伯父与侄儿侄女）、公婆（丈夫的爸爸妈妈）、翁媳（公公与媳妇）、婆媳（婆婆与媳妇）、翁婿（岳父母与女婿）、甥舅（外甥与舅父）、妯娌（兄、弟的妻子的合称）、姑嫂（女子与丈夫的姐妹或与兄弟的妻子的合称）、连襟（姐姐的丈夫与妹妹的丈夫之间的亲戚关系）、郎舅（女子的丈夫与其兄弟的合称），等等。

此外，还有一些适宜称谓也需要加以注意，比如与孩子的干爹、干娘（干妈）互称干亲家；与儿媳妇或女婿的父母互称亲家；称呼师傅、老师的妻子为师母（师娘），自称徒儿（徒弟）或学生，与其子女、徒弟、学生互称师兄弟或同学；与徒弟、学生的父母互称世兄嫂；世交兄弟互称世兄（仁兄）、世弟（贤弟）等。

女范儿点睛

一个人的姓名称谓是得到了大家公认的符号，所以称谓紧紧伴随着家庭成员之间的人际交往而存在，有着很强的适应性与广泛性，在实际使用当中，称谓会随着人与人之间关系的不同和使用场合的不同而有所变化。见面打招呼、开口称谓，这是人际交往的第一步，因此，称谓使用是否得当，是否符合礼仪规范，可以说是迈向和谐人际关系的第一步。

（二）关系礼仪

任何人，生来就在一个家庭中生活，达到一定的年龄寻找配偶又组成自己新的家庭。当一个家庭建立起来，这个家庭就会由婚姻关系派生出一系列关系。诸如父母子女关系、亲戚朋友关系，等等，这里里外外、方方面面的关系就构成了家庭关系即亲友关系。如何认识和处理这些关系，对一个家庭的建立和生存、快乐与和睦有着至关重要的影响和作用。

家庭礼仪有别于其他礼仪的一个重要特征，就是它并不过于注重形式，更多的是一种情感的交流，也就是更注重其精神实质。家庭可以为社会稳定、个人健康成长以及家庭成员的心理调节提供场所。那么，家庭成员特别是成年家庭成员就应该为建立和睦、幸福、美满的家庭承担各种义务，共同处理好家庭关系。

家庭关系礼仪的基本准则可以借用中国民俗学专家钟敬文教授的“互敬互爱、互信互勉、互谅互让、互帮互慰”[①] 十六字原则来概括。

二、社会转型期间的为妻之礼

随着社会的进步，现代家庭中女性的知识层次越来越高，他们在家庭中的地位也随之提高，在这种情况下，一个出色的女性更应该有礼有范（儿），调整好家庭内部的礼仪关系。

对一个家庭来说，这种关系解决得好与坏，不仅影响人的身心健康，而且影响整个社会的文明建设。而女性作为家庭的中坚力量，应具备宽容的性格，并通过道德修养，掌握家庭内部关系的礼仪规范，来缓解家庭内部矛盾，制造和睦气氛，才能使家庭生活和谐、幸福、稳定。

夫妻关系是一种没有血缘、只有姻缘的家庭关系。夫妻关系虽然不如血缘关系（指父母子女）稳定，但却是家庭关系的主体和核心，是血亲和姻亲的基础。夫妻关系问题无论在传统伦理道德还是现实生活中，都是事关家庭稳定幸福的问题。夫妻关系和谐稳固，家庭则和睦幸福，老人可尽享天伦之乐，孩子才能健康成长。

---

① 钟敬文：《中国礼仪全书》，安徽科学技术出版社 2001 年版，第 437 页。

在漫长的封建社会中，由于“男尊女卑”、“三从四德”观念的影响，男女之间形成主与从的关系。比如《大戴礼记·本命》中说：“女者如也，子者孳也，女子者，言如男子之教，而长其义理者也。故谓之妇人。妇人，伏于人也。是故无专制之义，有三从之道，在家从父，出嫁从夫，夫死从子，无所敢自遂也。教令不出闺门，事在馈食之间而已矣。”《孔子家语·本命解》也有类似的话。意思是说，女子要绝对服从男子，整天被禁锢在内室里，操持家务，而不能自作主张。这实际是在男权社会中，统治阶级为维护自己的地位和权力而假借天命以性别划分尊卑等级。这种等级区分决定着丈夫、妻子在家族内的地位和行为：享受当让于丈夫，而劳作则属妻子，女性以卑事尊，等等。在现代社会，随着“男女平等”观念的普及，女性地位越来越高，传统妇德中的不合理因素被祛除。在对传统妇德批判与继承的基础上，形成了具有鲜明时代特色的女性礼仪规范，以及以相互爱慕为墓础、互相平等为原则、幸福美满为目的的夫妻之礼。

1. 为妻之礼以修身自立为根本点

修身自立是实现男女平等的基本保障。女性要想赢得男性的尊重，赢得自己应有的社会地位，就必须跟上时代的步伐，积极上进，不断提高自身的思想道德素质和知识文化素质。

首先，妻子必须加强自身的道德修养，形成正确的道德认知，培养高尚的道德情感，锻炼坚强的道德意志。“妻子要获得丈夫的爱情，获得婚姻的幸福，首先就要使自己成为一个可爱的人，就应具备为人妻的基本道德素质，即善良、温柔、诚实、正直、热情、开朗、大方、坚韧、忠贞等优秀品质。”①

其次，妻子要加强自身的文化知识修养。这一方面是因为在高科技迅猛发展的现代社会，人的社会地位、经济地位是与其所拥有的知识水平成正比的。女性要想拥有与男性平等的地位，就必须用科学知识武装自己的头脑，就必须提高自己的受教育程度和科学文化水平。只有这样，女性才能在日新月异的职场竞争中立于不败之地。另一方面，由于

---

① 李淑华、刘娟著：《人之妻》，南开大学出版社2000年版，第42页。

女性在人类人口再生产和人口质量提高上担负着极其重要的责任，因此女性加强自身的科学文化知识修养也是关系到后代和人类进步发展的重要问题。

2. 为妻之礼以关爱丈夫为着力点

《韩非子·备内》中说："夫妻者，非有骨肉之恩也，爱则亲，不爱则疏。"爱情是维系夫妻关系的基础。夫妻关系的协调，很重要的一点就是夫妻双方的互爱。只有互爱，才能互敬、互谅、互让、互助，才能永葆婚姻的幸福稳定。

妻子关爱丈夫，首先就应该充分了解丈夫。相互了解是爱的前提。妻子只有从关爱的角度出发，设身处地地站在丈夫的角度去思考问题，去了解丈夫的兴趣、爱好、性格、脾气、事业，等等，从而深入了解丈夫的情感需要，才能明白在什么时候应给予丈夫什么，也才能更好地理解丈夫、支持丈夫，赢得丈夫的心。

妻子关爱丈夫，其次还应该尊重丈夫。对丈夫的尊重主要体现在能让丈夫自由发展以及对他的成长和发展表示关切，也就是说，妻子要尊重丈夫的情感、个性、志趣、爱好以及事业的选择，等等。一个聪明的妻子不会将自己的主观意志强加在丈夫身上，也不会从自己的主观愿望出发去干涉丈夫，更不会以自己的个人好恶去衡量丈夫的个性与爱好。她总是尊重丈夫的个性与兴趣，给丈夫一个宽松的环境，让丈夫有一方成长和发展的自由天地。这才是妻子对丈夫真正的爱。这样也才能更加体现出一个女性自己的人格、修养、智慧，才能得到丈夫的爱和尊重。

妻子关爱丈夫，还表现在应该主动关心丈夫。夫妻本是共同体，同舟共济、相濡以沫是历来最为看重的。作为妻子，一是要关心丈夫的衣食起居，细心观察他的衣着冷暖，注意衣服的添置、更换与清洗；要了解他的饮食口味，尽量为他准备可口又营养合理的饭菜。二是要关心他的身心健康。这不仅表现在丈夫生病的时候，要细心照顾、贴心护理，还表现在妻子要在日常生活中充当丈夫的"保健医生"，精心为丈夫创造健康的条件。比如，为丈夫合理安排饮食，纠正他吸烟、饮酒等不良嗜好，督促他加强锻炼，避免他过度劳累，等等。更为重要的是，妻子还应充分关心丈夫的心理健康，了解他的内心情感，并能适时地给予抚慰。在社会竞争日趋激烈的今天，男人承受的压力比女人更大。男人要全力以赴投身事业，要在激烈的竞争中求生存、求发展。女人伤心的时候，可以毫不顾忌地让泪水尽情流淌，而男人则往往是“男儿有泪不轻弹”。心理学家指出：男性更容易滋生心理疾病。在这种情况下，妻子的关心就显得格外重要。特别是在丈夫遇到困难的时候，多一份理解，多一份鼓励，会给他增添力量，为他寻找适当的宣泄渠道，这就是我们常说的患难与共。三是要关心他的事业、理解他的事业、支持他的事业，在他事业成功时给他祝福，在他遭遇挫折时给他鼓励和安慰。只有这样，妻子才能更好地了解丈夫，理解丈夫，也才能真正营造一个幸福的家庭。

妻子关爱丈夫，还要学会谅解丈夫。“金无足赤，人无完人”，每个人都会有自己的不足之处，每个人都会犯这样或那样的错误。人都应该有宽大的胸怀，学会谅解和宽容，为人妻也一样。一般而言，在家庭生活中应注意“大事不糊涂，小事不计较”。对一些原则问题，要讲究方式、方法，在一些日常生活的小是小非上，要学会“一笑置之”，要能多谅解，多替对方着想，主动作出让步。尤其是当丈夫诚心悔改的时候，应该给他机会。一味地指责、批评甚至谩骂，只会导致彼此的伤害和感情的裂缝。当然，谅解也不是姑息迁就，而是最终要帮助丈夫改正过失；宽容也不是软弱，而是给夫妻关系健康发展更多的空间与机会，是为了让爱情之花绽放得更加绚丽。

3. 为妻之礼以善于持家为平衡点

家庭生活的一个重要特点和任务就是精心安排生活消费和家务事。虽然随着女性地位的提高，女性已经越来越多地参与社会生活，在家庭经济权和话语权上也拥有了自己相应的地位，“男主外、女主内”的模式已经过去，但这并不是说，持家就成了男人的事。在实际生活中，女性作为家庭组成的一半，仍然应该积极参与家庭事务的运筹与管理，与丈夫一起承担起家庭事务的方方面面。

首先，要合理进行家务管理。家务一直是困扰着人们自由发展但又必须加以重视的难题。俗话说：“清官难断家务事”，说的就是家务的复杂性、烦琐性。在现代社会，由于夫妻双方都走出了家门，走入了社会，使得家庭成员只能利用工作之余的时间来共同承担家务劳动，这就需要妻子运用科学的管理方法和技巧，充分调动家庭成员对家务劳动的积极性，对每一个家庭成员应承担的家务劳动进行合理的分工和安排，尽量使家务劳动简单化、现代化和社会化，以减轻家务劳动的强度，从而提高家务劳动的效率。这样既可以使自己从沉重的家务劳动中解放出来，也避免了将家务劳动的重担甩给丈夫。同时，在共同进行家务劳动的过程中，更有利于家庭成员之间的相互合作和关系的融洽。

其次，要善于进行财务管理。家庭的财务管理问题就是家庭财富的分配、消费和创收的问题。虽然说女性并不一定就是家庭财务的管理者，但在现代社会，越来越多的女性实际上已成为家庭财务管理的主角。说女人会不会过日子，其实说的就是女性善不善于理财。一个会过日子的女人，知道如何把钱花到最需要的她方，做到量入为出，使日子过得红红火火；知道掌握一定的理财技巧，制订一定的理财计划以减轻家庭经济负担，分担丈夫的经济压力，成为丈夫事业的“贤内助”。在家庭理财上，妻子要把握两条基本原则：一是“节流”，就是要合理进行家庭消费。要在细心了解自家现在的经济状况（包括收入水平、支出的可控制范围，主要承担的开支项目等）的基础上，按照勤俭节约的原则，确定基本的家庭生活标准，并搞好家庭的预算与决算。这样能合理有度地使用家庭收入，明白家庭收入的去向与节余情况。二是“开源”，就是要合理进行余款分类管理，制订一定的投资计划。在制订投资计划前，必须注意三个问题：其一，明确目标。即了解自己希望在短期（1~2年）、中期（3~5年）或者长期（5年以上）内看到的情况，根据可以判断的条件，定好一个目标。而且目标一旦定好了，就不要更改。其二，明确风险底线。任何投资都有风险，当遇见不利时自己愿意接受的蚀本的程度是多少？明确这个目标是为了在应对不测风险时能作出果断的决策。其三，学习培养投资兴趣。对自己投资的项目越了解越好。多留意财经消息，多听专家意见，同时还要学着判断资讯及他人意见，结合自身情况作取舍。不要人云亦云，跟风是很危险的。每一个妻子应该按照每一个人、每一个家庭的具体情况来安排各自的投资计划。当然，最重要的是要建立起经营理财的习惯和观念，尽早开始自己的家庭经济规划。

当然，作为家庭财务的管理者，不管是丈夫也好，妻子也好，必须具有一定的思想修养、文化素质和必备的市场知识，以做到从宏观上控制，微观上调适，使有限的家庭收入发挥尽可能大的效益，促进家庭文明建设和家庭成员的健康发展。

最后，还应加强环境管理。家是心灵的港湾，是感情的归宿，人生中大半的时间都要在家中度过。良好的家庭环境使人们心情舒畅，精神愉快，能帮助我们释放工作中的压力，解脱事业上的烦恼，使劳累的身心和麻木的心灵重新焕发生机，也能对家庭成员起到一个潜移默化的陶冶和教育作用，因此越来越受到人们的重视。家庭境管理包含物质环境管理和精神环境管理。怎样在家居布置中和家庭成员之间营造出一种和谐、温馨、自由、高雅、文明的家庭环境，是女性在家庭环境管理中应解决的问题。居家环境是幸福家庭的物质基础，同时也是家庭成员尤其是家庭女主人文化品位和艺术修养的体现。虽然房子的宽敞与否、家居的新潮与否会影响到家居环境的好坏，但关键还是要看居室的整洁与否、家居布置是否得当、室内颜色是否协调，等等。这就要求妻子必须掌握一定的房间布置的知识，提高自己的审美情趣。在家居布置中，要把握几条基本原则：一是舒适原则。要能让家庭成员感觉到轻松自在，能充分放松自己，而不要有任何拘束。二是整洁原则。整洁的家庭环境，不仅赏心悦目，更能提升个人内在的清明、单纯、朴素的特质。三是活泼原则。活泼的家居，使人感到温馨，有人情味。因此，在家居布置中，必不可少地使用绿色植物及各种鲜花的点缀，才能使家庭生机盎然，充满活力。在物质环境管理的同时，精神环境的管理也非常重要。在现代生活中，人们对家庭精神生活的要求越来越强烈，也越来越高。文化娱乐活动已经成为家庭生活的一个重要组成部分。所以，女性也应当积极开展有意义的文化娱乐活动，如培养家中良好的阅读氛围，安排健康有益的休闲活动等，从而提升家庭成员的审美情趣和精神境界，加强家庭成员之间的沟通与交流，营造出和谐、幸福的家庭氛围。值得一提的是，现在有很多家庭中。不注意提高家庭生活的文化品位，把打麻将、赌博、玩电子游戏当做打发时光的主要方式，这是营造健康文明家庭环境的大忌，是作为女主人应该极力避免的。因为这些活动不仅影响孩子、大人的学习和工作，还容易滋生家庭不和，有碍家庭精神文明建设。

4. 为妻之礼以保持魅力为闪光点

魅力是一个内涵非常丰富的词汇，它是美的重要组成部分，是一种无形的力量。大凡做丈夫的，总希望妻子永远具有魅力，妻子更期望利用自己的魅力吸引丈夫。一个女人被称赞有魅力显然比单纯夸奖她漂亮内涵丰富得多，有魅力的女性也要比仅有漂亮外表的女性更能吸引她的丈夫。女性魅力是一种由内而外散发出的摄人心魄的吸引力和动情点，它是内在和外形的完美结合，是形体、气质、仪表、性格、内涵等各方面的包容体。它虽有先天因素，更仰仗于后天的修炼与积累。

提升女性魅力的途径和方法很多，但作为妻子而言，首先应该修正自己的观念。很多女性认为年轻的时候打扮打扮是应该的，而结婚之后或者年龄大了以后再去调脂弄粉、穿红着绿就不合适了。这种观念是不对的。女性魅力对于女人而言是有生命季节的，不同的季节有不同的魅力。所以女人大可不必沉浸在“青春易逝，今不如昨”的伤怀无奈中，要珍惜每一天，在岁月累积的同时也认真累积自己，做一个魅力持久的女人。而且魅力是一项工程，一项女人终身修炼的“浩大”工程。这可不是涂几下口红、换几件服饰那么容易的事情。

女范儿点睛

成为范儿女性不仅应该是事业上的成功者，还要具有营造家庭和谐温馨的能力。作为女性要对家庭的每一位成员多一份理解、体贴和宽容。

三、单亲家庭如何摆平事业与家庭

随着现代化的发展，家庭结构正在发生深刻的变化，社会的转型升级促使家庭模式向多元化方向发展，这些年单亲家庭在整个家庭结构中的比例越来越大，引发的社会问题也越来越多，从而开始引起社会广泛的关注。家里家外都是范儿，对单亲家庭的女性来说就更不容易。下面两位母亲的谈话虽是国外的，但她们的生活情形和现实状况和我们差不多。

让家成为特殊的地方

上周的职介中心面试多有趣啊！人才库精英的数量让我大吃一惊。周一，我一大早就来到星巴克，找到了我们位于角落的椅子，开始浏览几份应聘者的简历。

"早上好，苏珊娜。"我抬头看见她向我走来，便打了个招呼。

几分钟的寒暄后，她告诉我，她去参加了一次董事会议，我甚至都不知道她有这个安排。我惊奇地发现她能够巧妙地处理如此庞杂的事务。

我的工作和家庭都花费了我大量时间和精力。我不知道自己是否也能像她那样把什么都安排得有条有理。这是否也来自一个人的经历呢？我不知道问这样的问题合适与否。此外，我心里还惦记着当前正面临的挑战。

"有那么多优秀人才'再就业'，苏珊娜。这个术语我上周听别人提到好几次，意思是改变职业生涯，选择新的职业。你听说过吗？"

"我最近也听到过，那个词很流行。"苏珊娜说。

"我想聘用的一名男子说，他在某个行业内整整干了15年。现在，当他被解聘后，他决定来一个全新的开始，重新定位未来的职业方向。我认为他非常适合我的团队，他也很想来与我们一起工作。"我说。

"你上周还发现其他优秀的候选人了吗？"她问道。

"是的，这是个好消息。事实上，我今天就想把这两位定下来。我总算能松口气了。唯一的坏消息是，我得知公司合并的进程要逐步加快，也许加班时间会更多。"

"工作苦我不怕，我认为分清工作主次的确很有帮助，不过我担心，晚上加班，早上又得早起开会，你的丈夫迈克尔和孩子们可要受苦了。"

苏珊娜说

“你不仅在事业上如此成功，而且还独自将儿子抚养成材，你究竟是怎么做到的啊?”

听到我的话苏珊娜表情变得严肃起来。

“那时我还很年轻，24 岁我离婚以后，我儿子詹森和我就不仅是亲密的母子，而且还是真诚的朋友。我对他非常严格，我相信‘不打不成人’有时也打孩子，只不过不是经常如此，下手也不重——不过詹森知道我是认真的。

“与此同时，詹森也得到了很多母爱，我不断树立他的自信心，就像我妈妈教育我一样。他认为自己是世界上最棒的孩子，因为我每天都这样告诉他。”

她继续叙述着，开始微笑起来。

“我离婚后开始与别人见面，对方都知道我有‘拖油瓶’，对我也比较理解。于是我带着詹森去约会。我带他去了很多地方，甚至处理家务杂事，像去食品杂货店、买礼物、给他买书籍文具，都带着他——哎呀，大多数年龄比他大一倍的孩子都没有他帮我跑腿做的事情多。”

说起儿子，苏珊娜的眼中流露出无比的自豪。

“我教育他善待每一个人，不管对方是否肥胖、是否相貌平平，或者是否过于内向，因为我告诉他，他以为最讨厌的人也许会变成最好的朋友。这对他非常有帮助，到上中学的时候，他已经认识了各种各样的朋友。”

“我抽出时间来和他一起去教堂，我也听他在晚上和就餐时做祈祷。我本来可以为他做更多的事情。”苏珊娜稍做停顿，喝了一口咖啡，换了个坐姿，然后又接着追忆往事。

苏珊娜叹了口气，似乎完全沉浸在幻想中。

我有些犹豫，对一个孤儿寡母，我提及她们母子间的私事，是否合适?不过苏珊娜与我谈论她儿子时那种毫不迟疑的态度让我感到，她为儿子感到非常自豪，这打消了我的顾虑。

“谢谢你与我分享所有这些事情，苏珊娜。我完全能理解，既然你已经和我谈了这么多，我也不介意跟你讲我家的事情，我对两个孩子的负疚感。我的意思是说，热爱自己的事业，而且不想放弃工作。至少目前不会选择那么做。真希望我能想出办法，多抽出点时间陪陪家人，也许那样我会感觉好些。"

"有迈克尔和我在一起，我感到十分幸运，因为他不让我对自己过分苛刻。我以前与你见面时提到过，迈克尔做事比我更有条理，让我很放心——他并不羞于承认他多么以我为荣，也不会觉得我的提升会对他造成威胁。另外，迈克尔的事业发展也很顺利，因此我们俩都得努力保持平衡……我们经常互相借鉴。"

"我真为你高兴，泰勒。你找到迈克尔，这的确对你帮助很大。你们俩现在靠什么来帮助你们保持平衡呢?"

我忍不住笑出声来。什么平衡？我想。

"好吧，让我想想。这也许听起来傻里傻气的，我将孩子们的日程表贴在冰箱上头，那样我就不会错过什么，也不会忘记和他们约定的事情或是哪一次足球赛了。"

"这办法不错。还有吗?"她问道。

"嗯，自从生了孩子之后，我们就许诺不把工作带回家来，我一直坚持这么做。这个承诺听起来不难遵守，但是这些年来，我们总是不断提醒彼此把工作留给上班的时候。迈克尔曾说过的一句话让我坚持下来。他说：'泰勒，如果你总是不得不把工作带回家来，那也许说明你不能胜任这个职位。'唉，每当我打算这么做的时候，我都会停下来仔细想想那句话。它真的让我在上班时更勤快，这样我就不会把工作带回家了。"我能够感到自己脸上有些发热。

"是看待这个问题的一个角度，"苏珊娜说，"不幸的是，有时候你就得把工作带回家做。不过迈克尔是对的，尽量把工作留在上班时做，一下班后你才能把注意力放在家人身上。"

我低声表示赞同。她满怀期望地看着我继续说下去。"我相信养育孩子应该有目的性，就像在生意场上一样。所以迈克尔和我都非常清楚我们家对家务活和日常活动有什么期望。我努力把这个作为我们家庭核心价值观的一部分教给孩子们。"

"说得好，泰勒!"现在该苏珊娜来说了，我拿起铅笔，准备做笔记。“我发现企业领导者就是这么做的。他们给公司确立了一个核心使命和表述清晰的核心价值观，把相同的做法引入家庭生活是个好主意。”苏珊娜说，“你很棒！”

“一位企业领导者曾经对我讲过，他和家人怎样制订了一个家庭宣言。他将宣言排好版，打印出许多份……每一位家庭成员都在上面签上名……用玻璃框装起来，在每个孩子的房间和厨房里挂一个。这条宣言十分简单：‘无论怎样，我们一家人都彼此相爱、相互支持。’它不断提醒每一个人，不管他们的生活中正在发生什么事情，这个承诺都不会改变。

“随着孩子们逐渐长大，这位领导会定期在家里召开家庭会议——就像我们在公司里开会一样。”她继续说道，会议时间提前定好，每个人都要求参与并发言。“每个人都可参加表决，但是对那些不适合单个家庭成员或整个家庭的活动和提议，他和妻子保留决定权。

“有时候他们讨论并决定去哪里度假，有时候谈论家庭规范，以及对家庭生活的基本原则做一些改变。

“每个人的看法都受到尊重，每个人的表决都有价值。每个人都提供信息，每个人都有自己的发言机会，如果需要，每个人都可举行意见听证会。在大多数情况下，这个交流程序都能解决问题，并让家庭成员保持联系。”苏珊娜总结道。

“那是个好主意，”我表示赞成，“我一直在寻找方法，让家庭生活任何时候都保持正常，家庭成员保持联系。关键不在于我们给孩子留下了什么物质财富，而在于给他们留下了什么重要的精神遗产。”我很坚持这一点。

“泰勒，抚养孩子有点像装修自己的家庭住宅。房子要装修的别具一格，就得在设计和动工之前做一些长远打算。装修之后的事情（例如水路、电路，煤气管道以及预留网络出口）是难是易，取决于事先制订计划和打地基时考虑是否充分。所以提前计划会让你受益匪浅，如果你工作做得好，就可以避免陷入任何让你内疚的错误。

“当你的家庭中出现问题（随着孩子的长大，这是不可避免的）的时候，如果你和迈克尔提前花时间制订了一个总体规划，就能够挽救许多不幸。”

"那么你是否为詹森制订抚养计划呢，苏珊娜？"我问道。

"起初没有。离婚之后，我知道自己需要一些明智的建议。我知道自己得作为单身母亲抚养詹森，至少有一段时间是这样，于是我就参加了社区举行的几次育儿课程，我把在课堂上学到，连同我后来从其他母亲以及顾问那里听来的东西整理出来，你来听听：

(1) 尊重你的家庭。当我追求事业的发展时，我一直关注着更重要的东西。如果你生活中没有人爱你和被你所爱的人，一切都没有意义。对我而言，这些就意味着詹森、我的父母以及其他亲戚。再婚不是我解决问题的好办法，泰勒。所以，当我把重要的事情放在第一位时，詹森就知道了我们家庭的价值。要做到这个从来都不容易，有时候，我晚上给他读故事的时候自己就睡着了，但睡前阅读这样的小事是我们日常生活的重要组成部分。

(2) 说到做到。当我告诉詹森我要做什么事情的时候，我是非常认真的。我说到做到。一位朋友曾经讲了这样一个故事，有一个母亲向她 9 岁的女儿许诺，等她满 10 岁的时候给她买一匹小马。妈妈很快就忘记了这句随口许下的诺言，直到女儿 10 岁生日那天。那个小女孩哭了整整一夜，希望第二天早上一匹小马会送到家门口来。孩子们不会忘记我们说过的话，我们更不应该忘记！相信我，自从听了那个故事后，我对詹森许诺就非常小心了。同样，他也学会了信守诺言。

(3) 设定目标 。有一位母亲说，每个新年到来之前，她和丈夫以及孩子都会在做爆米花和看电影之后写下新一年的目标。然后，他们把去年藏在某个特殊地方的纸条拿出来，看看他们这一年做得怎么样。孩子们开始检查他们父母都有什么成就，父母也会检查孩子们的收获。

(4) 让家成为特殊的地方。确保让我们的房子成为詹森希望待的地方，而不仅仅是他每天放学后必须回来的地方，他的朋友都很喜欢我家。我想这也许是因为我总是让他们顺其天性，不对他们的事情干扰或者干涉过多——倒不是我娇惯纵容他们。在家里，我们玩得很开心，房子里总是充满欢声笑语。甚至詹森不在家的时候，他的有些朋友也会过来，只是为了和我聊天。有时，我感觉自己从来没有独处过，但是那总比不知道你的孩子去哪里了、在做什么强。"

苏珊娜继续说道："泰勒，这些事情对你有好处。做母亲的经历是培养经理的好学校。说真的，做母亲和做经理是一脉相承的，要求我们具备高度有效的管理技巧：需要善于组织、倾听、定速、培训和指导、领导、监控、处理冲突以及传递信息。

"忍耐和承担多重角色常常是女性的特质，这种特质常常被管理者忽视。发挥你那令人难以置信的力量吧，泰勒。"

我喜欢她积极的态度，而且我也的确需要鼓励。苏珊娜是正确的，我其实做得不错。就像他们说的那样，你做自己不得不做的事情。

我如释重负地嘘了一口气，转向苏珊娜，然后说道："你已经将儿子抚养成人，能够理解我希望获得一种平衡生活的愿望。不过现实却是这样的，世界上没有十全十美的事情。不管发生什么，我都得保持灵活性，对吗？"我不等她回答，又接着说，"保持事业与生活的平衡要靠双方的努力，书本里找不到现成的答案。"

"我太感谢你了，苏珊娜，"我说，"你把道理讲得简单明了，我明白自己能够做到这些。我会与迈克尔分享你关于家庭的看法，我想他一定会喜欢的。让我们上班去吧。"

离婚之后又重新建立家庭的苏珊娜用她的经历告诉我们：现代女性要保持家庭观念，要有目的抚养、教育孩子，家就是家，尽量把工作留给上班时间，在工作和家庭的平衡中寻找快乐。

女范儿点睛

在我国，女性在婚姻家庭的失败当中所受到的痛苦往往比男性要更为突出。从社会的整体来看，女性尚未摆脱弱势群体的命运，所以说女性在婚姻家庭的冲击中也更加输不起。在这种现状下，单亲家庭的女性如何摆平事业与家庭呢？N年以前妇联提倡的一个口号：自尊、自信、自立、自强，今天看来更有现实意义。

第4章

平衡有度　走出闺范儿

1. 平衡美人会走路
2. 你的姿势，是这样的吗?
3. 正确姿势的练习方法
4. 保持正确姿势的包包选择技巧
5. 保持正确姿势的举止方法

一、平衡美人会走路

多数女性在走路方式方面看上去不那么优雅，从根上讲是站立方式的问题。那就让我们从修正站姿开始吧。

出人意料的是，在姿势修正方面，上了年纪的人比年轻人要容易做到。年轻人常常这边收进去了，那边就凸出来了，这边伸展开了，那边就弯曲了；身体软绵绵的，尤其是骨盆还不够稳固，内部肌肉薄弱，无法长时间支撑身体直立。这是童年运动不足造成的影响。

与现在的“80后”、“90后”不同的是，那些上了年纪的人，他们青少年时期为生活所迫四处奔波，利用四肢做各种动作，因此，作为身体基础的肌肉发育得很结实。

与此相反，现代的孩子生活条件优越，又忙于应试教育，因此，他们缺少自由活动的环境，支撑身体的肌肉和骨骼发育得不够完善。

另外，模特们两腿稍分开、两脚成内八字的站立方式，并不能使骨盆稳固。而现在这却是十几到二十岁女性的明显特征。

正确的姿势，是指骨骼合理排列，呈理想的S形弧度的姿势。

骨骼的排列叫做“队列”，如果队列整齐的话，肌肉就能够达到平衡，从而不易产生僵硬、疼痛，也不易损伤关节和神经。

如果队列产生了歪斜，就会让驼背、罗圈腿等影响体形。而且，队列不整齐的话，走路越多，对身体的伤害反而越大。

为了保持健康，也为了变美丽，让我们在日常生活中，开始注意使用正确的姿势吧。

为了塑造正确的姿势，请你先来大致了解一下骨骼的生理弯曲。

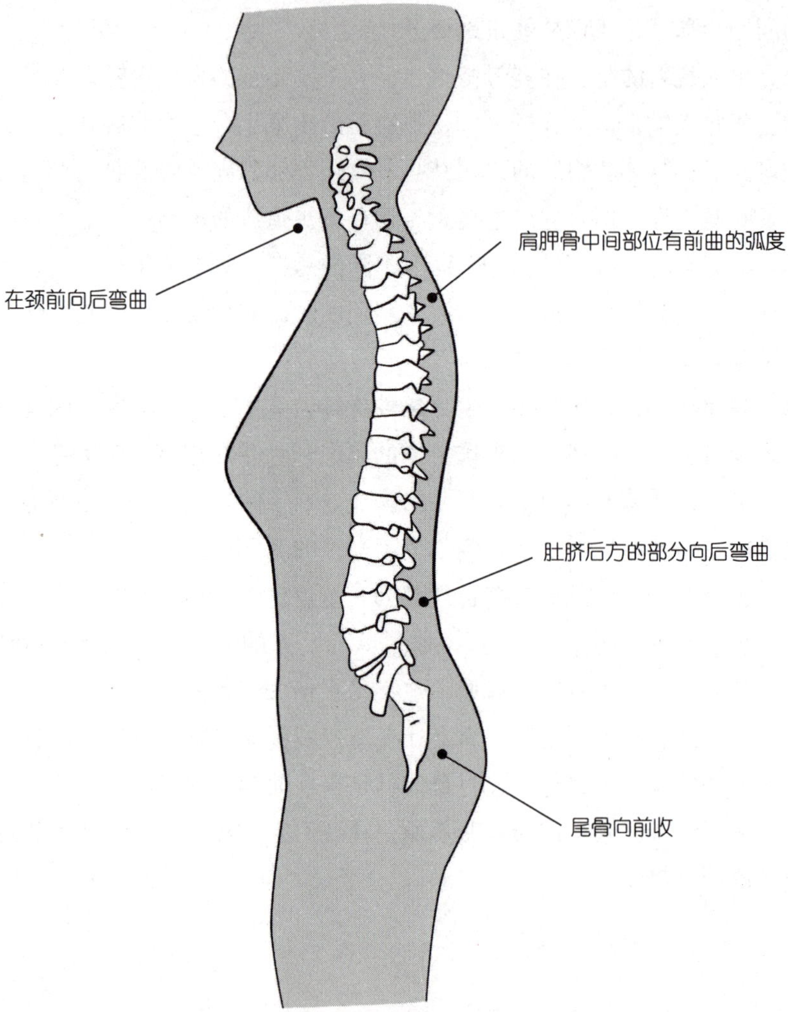

图 4－1　骨骼生理图

二、你的姿势，是这样的吗？

不良姿势，就是会使身体产生疼痛的姿势、看起来不美观的姿势。你的姿势与以下这些一样吗？本章图 4－2、图 4－3 的序号同 79～89 页的序号相对应。

图 4－2　不良的站姿（一）

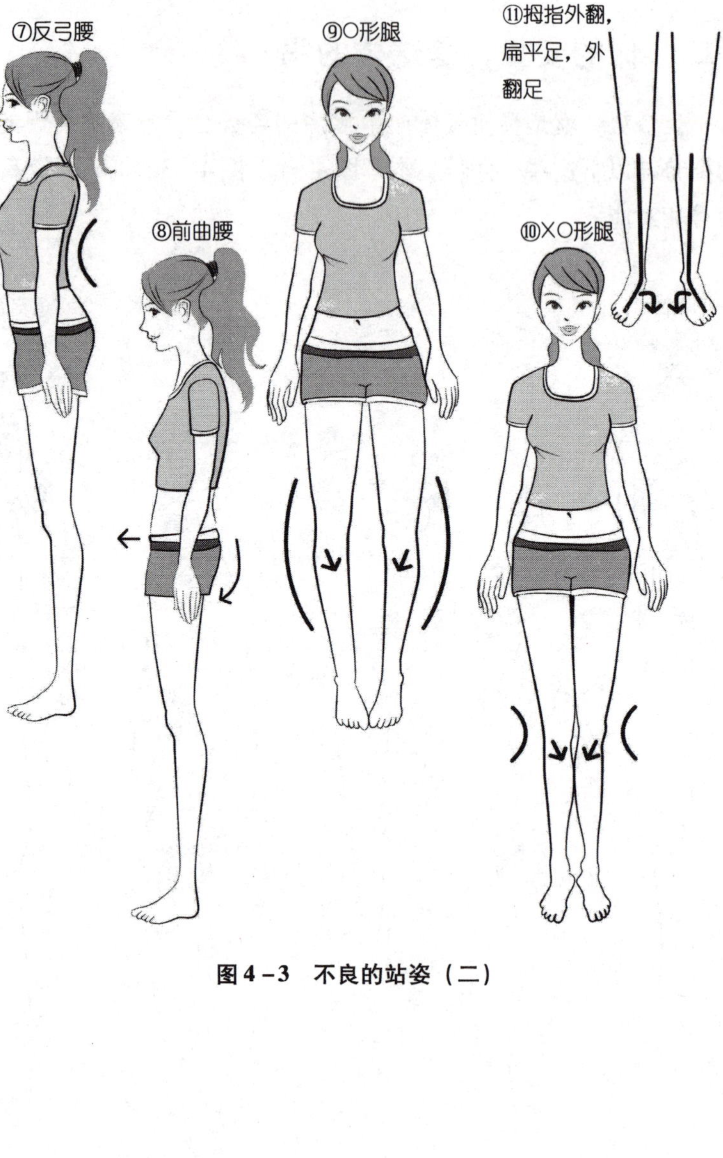

图 4-3　不良的站姿（二）

三、正确姿势的练习方法

姿势的修正是件十分困难的事情。其原因在于，自己所认为的良好姿势，往往与实际上的良好姿势是有差别的。

如果身体变形，但是自己认定了一直以来采用的姿势都是良好的，即使在接受捏脊按摩的时候被告知脊柱变形，多数情况下自己还是无法认识到。

我们平时如果感觉不到僵硬、疼痛等，就很难注意到身体的歪斜。也有很多人在做了姿势修正后说："啊，这是正确的姿势吗？怎么感觉跟之前完全颠倒了？"常常要照镜子确认之后，或是拍下照片作对比之后，才能真正理解。

要让姿势正确，思想上的"意识"和行动上的"练习"都是必要的，缺一不可。

例如，为纠正驼背而强化背部肌肉，但是如果不知道如何利用锻炼后的肌肉的话，姿势依旧不会改变。相反，即使有意识地去努力伸展背部，肌肉力量薄弱或缺乏柔韧性的话，姿势也是无法改变的。

一边努力做增强肌肉力量和柔韧性的练习，一边有意识地改变身体，这是成为平衡美人的第一步。

另外，也会有自己认为发生歪斜的部位与实际歪斜部位不同的情况。比如，虽然看起来像鸡胸，但实际上是由于腰部后弯使胸部上抬的结果。为纠正罗圈腿而将两只膝盖向中间靠拢，导致膝盖产生扭曲、疼痛，等等。

我们光靠自己往往无法客观地认识自我。请找出与自己相符合的类型，开始有所意识。

正确姿势的养成方法

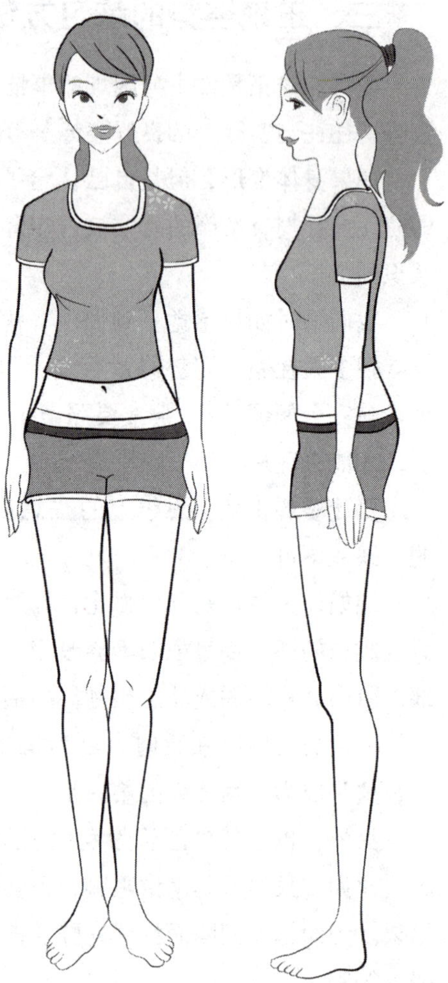

❶站立时脚跟并拢，脚尖微微分开。

❷大腿内侧和臀下部的肌肉用力收紧。此时两只膝盖稍朝向外侧。

❸下腹用力内收。

❹大口吐气，放松胸部和背部，呈轻微的驼背状。

❺抬头，使脊椎像台阶一样堆积伸展。

❻感觉自头部向上提升，双臂垂放于舒适的位置。

注意：平时站立时，要注意大腿内侧和臀下部用力，下腹收紧并带有自头部向上提升的感觉。

1. 正确的姿势①

驼背的矫正法

驼背，是指脊柱弯曲成圆弧的状态，是许多不良姿势的根源。

矫正法

坐在椅子上或站立时，有意识地养成挺起身体的习惯。此时，不能反过来将腰部向前挺。两手置于脐部附近，在保持腹部不动的状态下，向上挺起胸部。

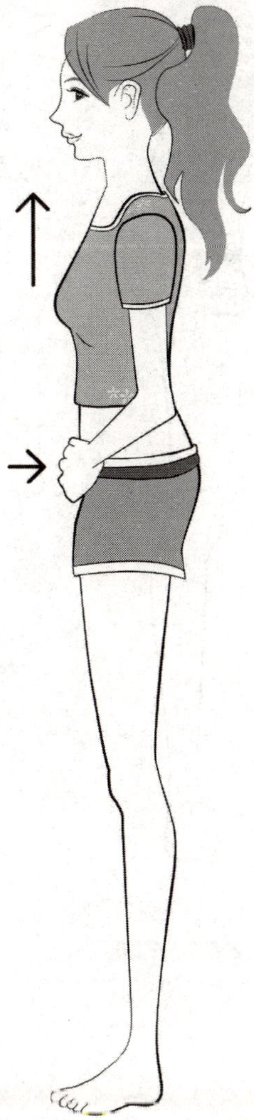

2 正确的姿势②

鸡胸的矫正法

鸡胸乍一看是不错的姿势，但会给人以身体厚实的印象。

矫正法

手指轻放于胸部中间的位置，边吐气，边使身体呈微驼背状。接着，背部向后弯曲，感觉像骨头一块块堆积起来一样慢慢地挺起身体。

鸡胸的人背部容易疲劳，可不时做伸展练习，缓解背部的紧张。

3 正确姿势③

端肩的矫正法

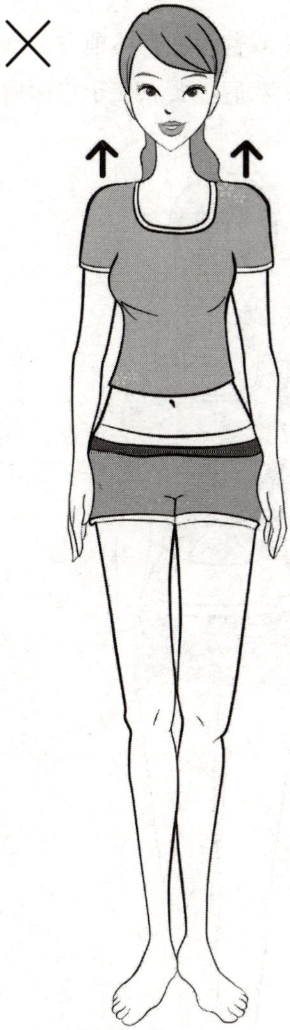

端肩易引起肩部僵硬，也会使肩部的宽度增大，产生想穿的衣服穿不了的烦恼。

矫正法

尽力吐气，有意识地将手臂向下拉。拿物品时，不要抬起手臂或肩膀，双臂不要用力，要自然下垂。

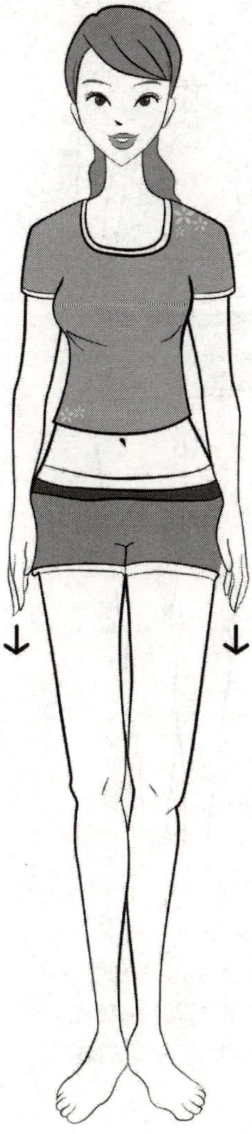

4 正确姿势④

溜肩的矫正法

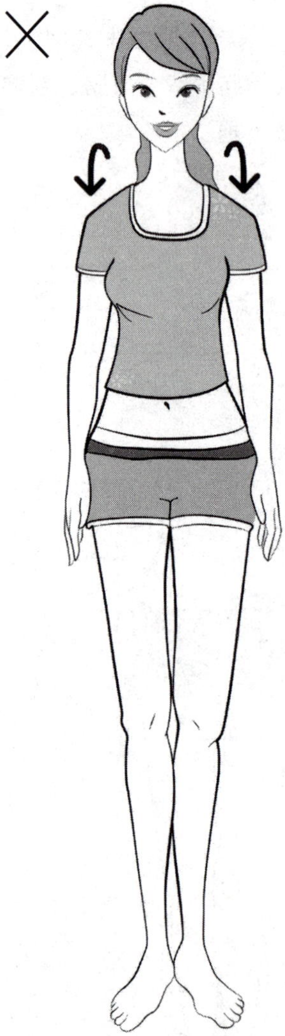

溜肩是非常容易引起颈部僵硬的肩形。并不是只要抬高肩部就可以修正的，要先设法减轻僵硬。

矫正法

注意不要将双臂垂在身体前方。不要缩紧脖子、上抬双肩。要点在于将两肩稍抬起一点点。

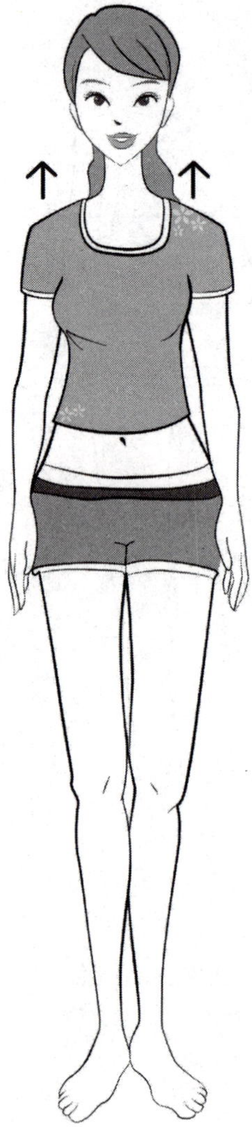

5　正确姿势⑤

直颈［1型］的矫正法

颈部的弧度呈笔直状态，常见于颈部严重僵硬的人中。［1型］表现为腰部前曲形成驼背，头部向前凸出。

矫正法

正确的坐姿能够减轻颈部负担。坐在椅子上时，将骨盆立起，身体挺直。操作电脑时，适当调整桌椅的高度，使视线的位置不要过高或过低。

6 正确姿势⑥

直颈［2 型］的矫正法

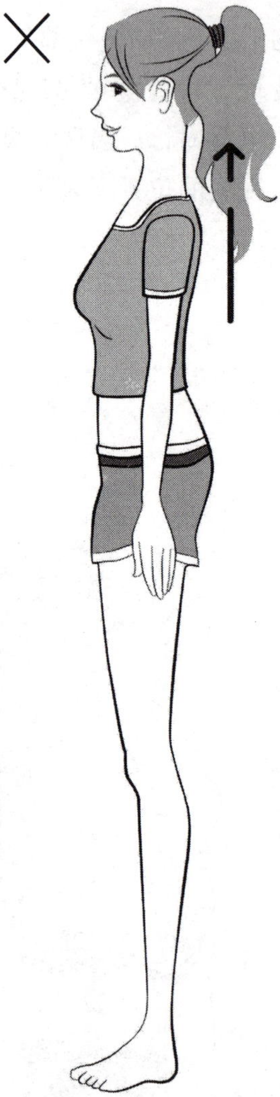

这是姿势较好的人中常见的类型。溜肩若引发了直颈，很容易加重颈部疼痛。

矫正法

站立时不要过度收下巴。将食指贴着脖子放在下巴下方。三根手指并拢与地面平行。整下巴，使下巴尖与第三根手指的位置贴合。

7 正确姿势⑦

反弓腰的矫正法

骨盆过度前倾，不仅会使臀部变大，也容易形成腰痛、小肚腩。这种姿势在鸡胸的人中较多见。

矫正法

有意识地弯曲腰部，有尾骨向内卷入的感觉。反弓腰的人，腰肌僵硬紧缩，因此要多做腰部和大腿的伸展练习。

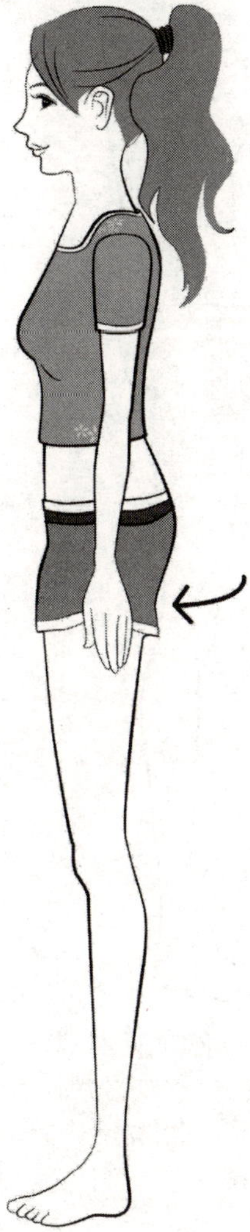

8 正确姿势⑧

前曲腰的矫正法

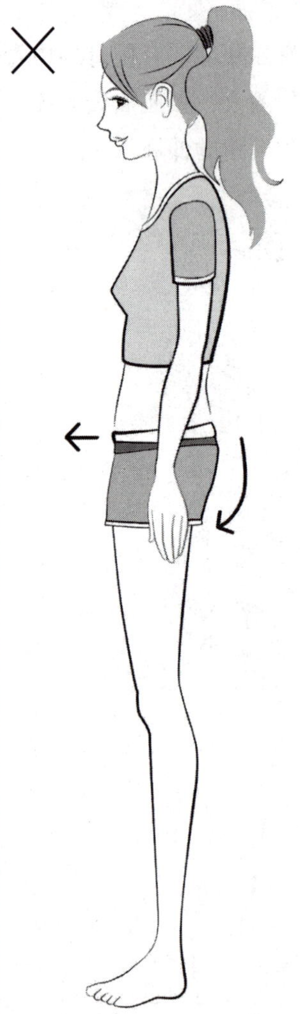

前曲腰是指腰部向前弯曲、臀部下垂的姿势。这种姿势会使臀部变得扁平，也常常会造成驼背和O形腿。

矫正法

首先要有提升身体的意识，并不是要挺胸，而是要有腰部稍稍后弯的感觉，尾骨向后方上提。背部肌肉力量不够的人会感到吃力，因此要循序渐进地练习。

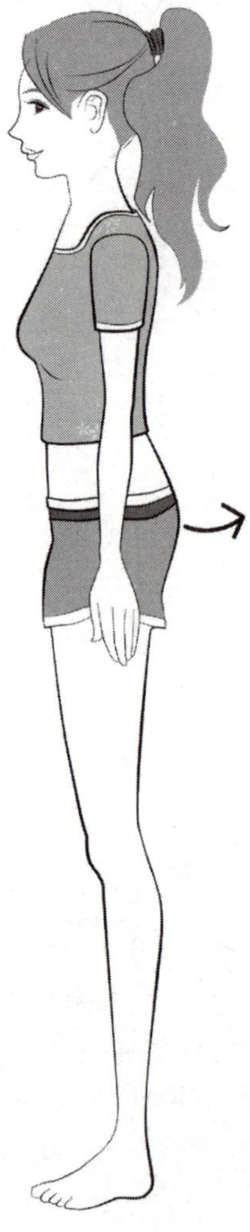

9 正确姿势⑨

O 形腿的矫正法

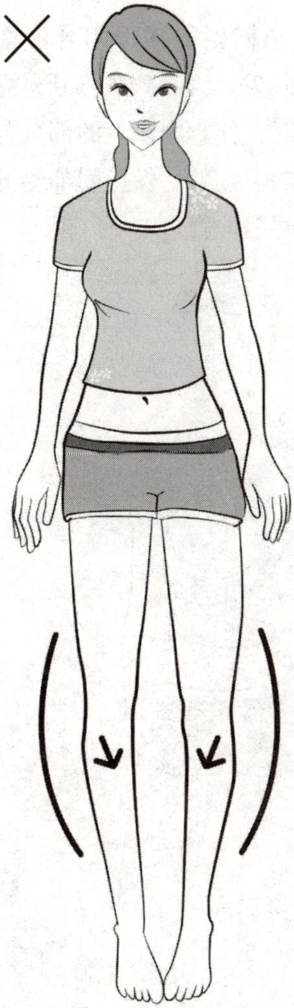

两侧大腿和膝盖之间有空隙、髋关节横向伸展就形成了O形腿。这种姿势容易造成腰部和臀部的比例不协调。

矫正法

有 O 形腿的年轻女性，在站立时如能充分使用大腿内侧的肌肉，姿势就能够得到改善。站立的时候把大腿内侧和臀下部，而不是膝盖，向内收紧，把膝盖朝向正前方，这样腿之间的空隙就会变小了。此外，穿合脚的鞋子也非常重要。

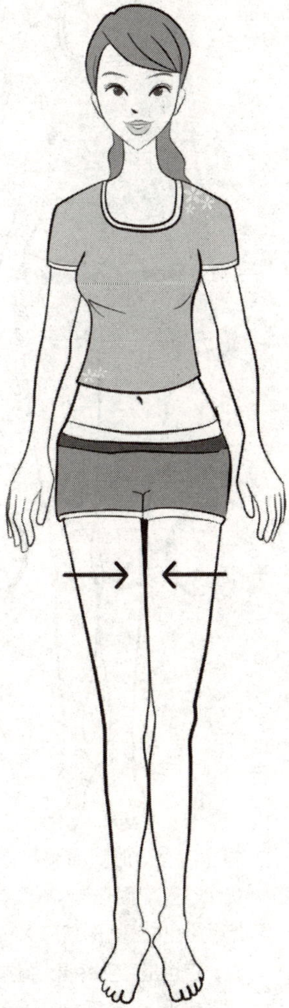

10　正确姿势⑩

XO 形腿的矫正法

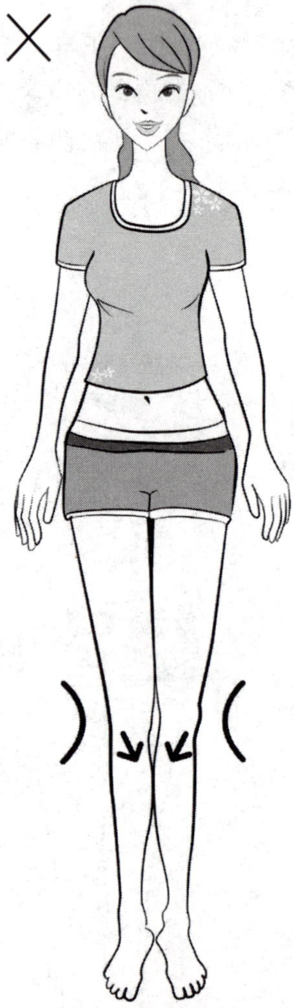

为了纠正O形腿而将膝盖并拢，膝盖就会朝向内侧，从而产生扭曲，就形成了XO形腿。这也是产生疼痛、拇指外翻、扁平足、外翻足的原因。

矫正法

首先从纠正错误的腿部闭合习惯开始。双脚脚跟并拢，脚尖微微分开，膝盖稍稍弯曲。这时，使脚踝以下的部分与膝盖朝同一个方向。接着，保持朝外侧的方向，绷紧膝盖将腿伸直。

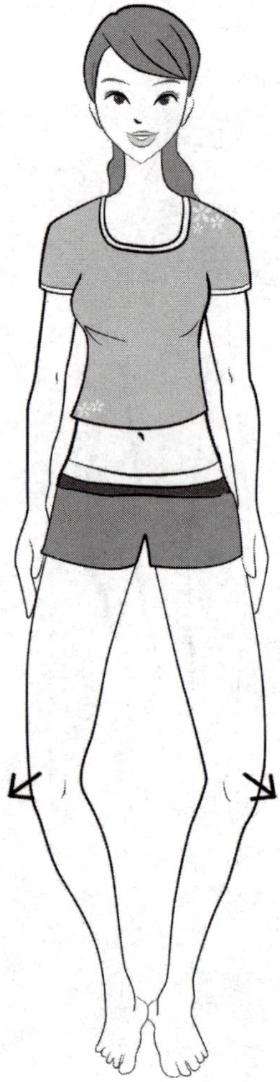

11 正确姿势⑪

拇指外翻，扁平足，外翻足的矫正法

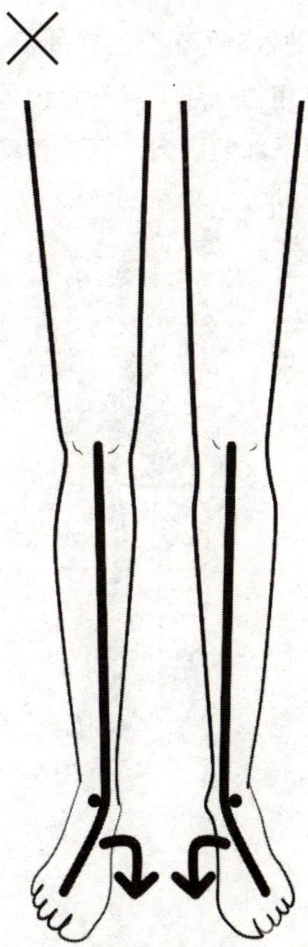

扁平足，指足底的纵向足弓低平。外翻足，指横向足弓低平。拇指外翻，指的是拇指向其他脚趾的方向歪曲，同时拇指的指骨根部变大的情况。

矫正法

膝盖稍稍弯曲，大腿内侧和臀下部绷紧站立，这样就形成了暂时性的足底悬空状态。这时将拇指轻轻放下。保持这样的姿势非常吃力，但是站立和走路时，如能充分使用腹部、臀部和大腿肌肉的话，自然就能渐渐适应了。另外，要选择合脚的鞋子。

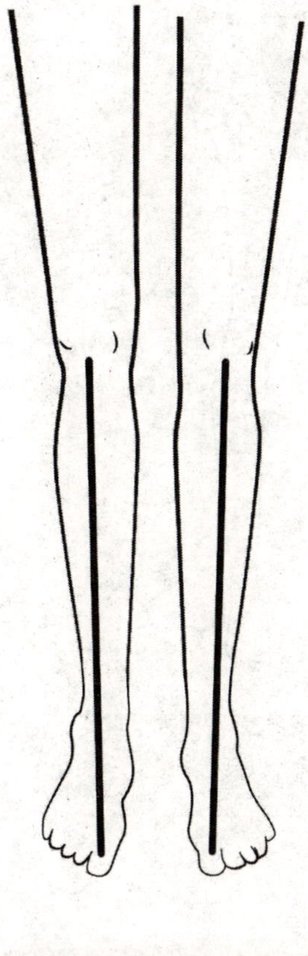

12 优美体形①

小臀的塑成法

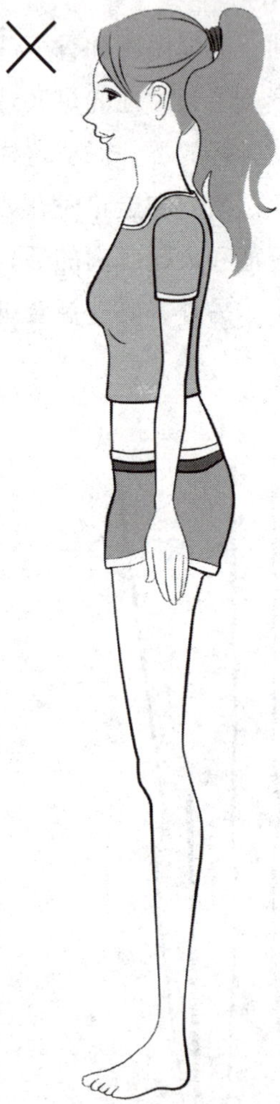

不在意你的臀围吗?宽大下垂的臀部会给人以衰老的感觉。

矫正法

只要将臀部肌肉收整于正确的位置，就能拥有娇小上翘的臀部了。有意识地收紧大腿内侧和臀下部的肌肉，膝盖稍朝向外侧。试着将手贴于臀部并施力。为了能够保持这个效果，多做练习来增加肌肉的力量吧。

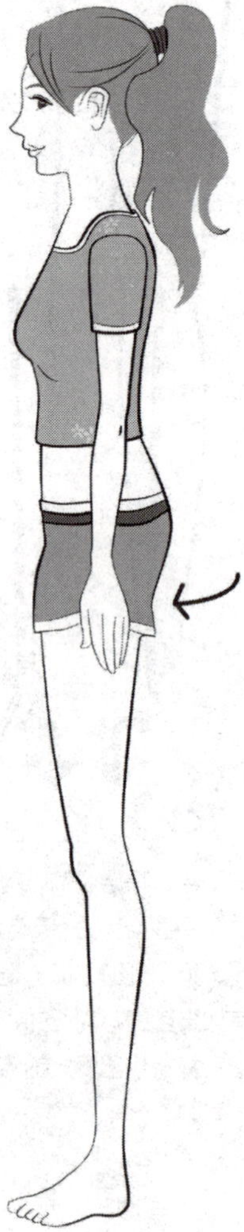

13 优美体形②

小肚腩的矫正法

腹部凸出，从站立方式上来看，是由于身体上下松弛或腰部后弯而导致的腹部前凸。

矫正法

将手贴放于脐部之下，边吐气边收腹。在腹部收进去的状态下，要有头部被从上方提起的感觉。维持这种姿势的肌肉力量也是必须的。

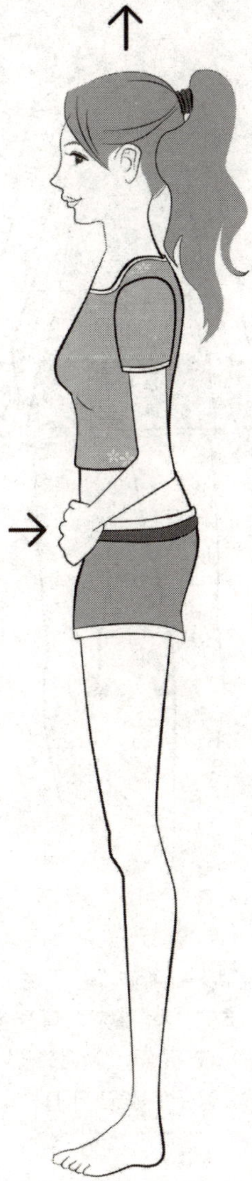

14 优美体形③

内八字的矫正法

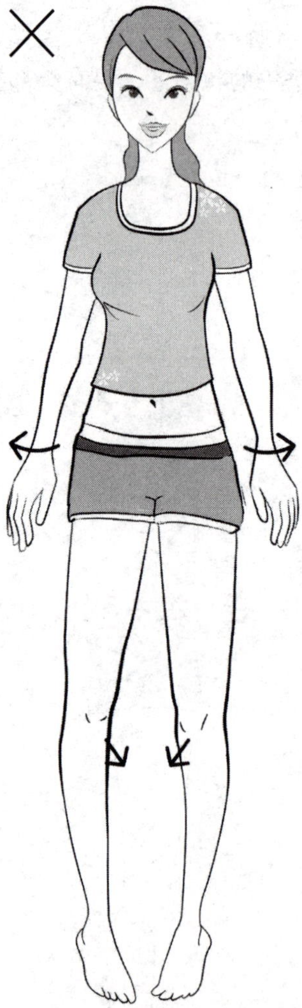

如果用膝盖朝向内侧、两腿撑开的方式站立，骨盆就会向后方倾斜，形成O形腿，继而令髋关节扩展，臀部变得宽大下垂。

矫正法

站立时收紧大腿内侧和臀下部的肌肉，膝盖就会朝向正面，大腿之间的空隙也会变小。穿合脚的鞋子也很重要。

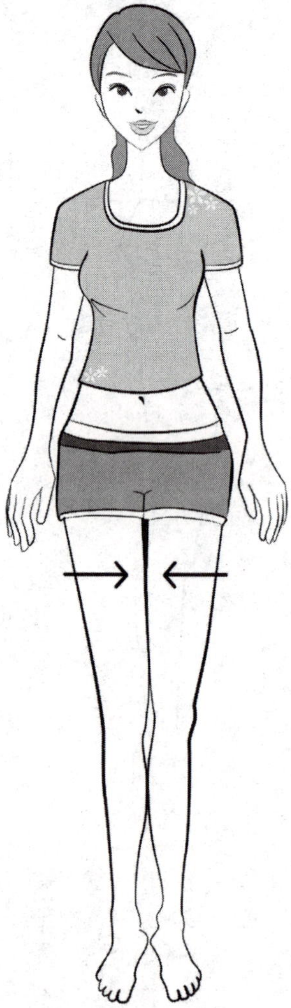

四、保持正确姿势的包包选择技巧

要以理想的姿态走路，最好是不携带任何东西，但在家里家外独当一面的女性极少有空手走路的情况。不同类型的包和不同的背包方式会给我们的身体带来不同的影响。

一位在外是主管，在家是 3 岁孩子的年轻妈妈背着重包走路的女性前来，想要对自己的体形做个检查。针对她左肩和右侧腰部上抬的问题，我们考虑了很多的因素。后来，我们把她一直使用的包拿掉之后，她的身体歪斜就纠正过来了。这是因为包的携带会使肌肉增强，令骨骼产生歪斜。

我们来看看包的种类吧。

手提包 如果用一侧手臂和肩膀上提的方式携带手提包，就会引起肩部僵硬；相反，如果不用力气放松地提包，就会使腰部和背部产生歪斜。

挎包 我们不知不觉就会习惯用固定的一侧肩膀来背挎包，这样会加剧肩部、腰部等部位的歪斜。

双肩包 背双肩包时，我们的腰部常常后弯，或者相反，向前弓。背双肩包也会增加腰部负担。

所以在这里，我要向大家推荐各种包包的灵活使用方法。

我们可以在工作日交替使用挎包和手提包，休息日使用双肩包和腰包等。不要每天给身体施加相同的负荷。下雨的时候，我们可以使用挎包以空出两手，这样的安排也是不错的。

什么种类的包、怎样的携带方式对身体有益，在选择包包的时候，请把这些问题也考虑在内吧。

手提包

不要选择包带过长的手提包。我们在走路时拎包的手臂一般是不摆动的，只摆动另一侧的手臂。所以最好在途中两手轮换着拎包。包很重的时候，腹部要用力，要有用腹肌提包的意识。

挎包

注意包带的长度。如果包身垂到臀部附近，包就变成了钟摆，容易使人产生疲劳，也会加重腰部的负担。包身大约能够夹在腰窝、能用肘部或手压制其摆动的长度是最合适的。如果包很重，可以斜挎，让包尽可能地贴近身体。

双肩包

尽量选择能贴住后背的双肩包。登山用的包在胸部和腰部都配有扣带，能够分散包内物品的重量。如果包带过长，包悬挂到腰部附近的话，走路时包身就会不断地撞击腰部，打乱步伐节奏，也会引起肩部僵硬和腰痛。

五、保持正确姿势的举止方法

优美的坐法

职场女性每天要在椅子上坐相当长的时间。坐着，好像对身体而言比较轻松，但实际上会给腰部造成很大的负担。尤其是长时间坐在沙发之类松软下陷的地方，很容易引起腰痛。因此，椅子的选择和坐的方法是非常重要的。

再说，在大厅或者地铁之类的场所。在众人面前站起、坐下，大家都希望自己的举止自然优美吧。

为此，大腿肌肉的力量和背部肌肉的力量是必要的。有品位的姿势和动作是靠肌肉来呈现的。而出色的动作也是一种强健肌肉的训练。

优美的上下台阶方法

在写字楼，白领们来去匆匆，上下阶梯的人们，都是来去匆匆，没有任何的优美姿态可言。难得的练习机会，就这样被白白浪费掉了。

由于上下台阶的时候能使腿部的肌肉得到充分的锻炼，继而起到收紧大腿和小腿肚的作用，优化腿形，也能兴奋心脏和肺，这实际上是非常好的隐性锻炼。

生活中的动作塑造了 OL 的体形，也展现了 OL 自己。生活中的积累能造就美丽。这并不是多么困难的事情。问题只在于，是不是从现在就开始。

在单位你的坐法是这样的吗？——椅子的场合

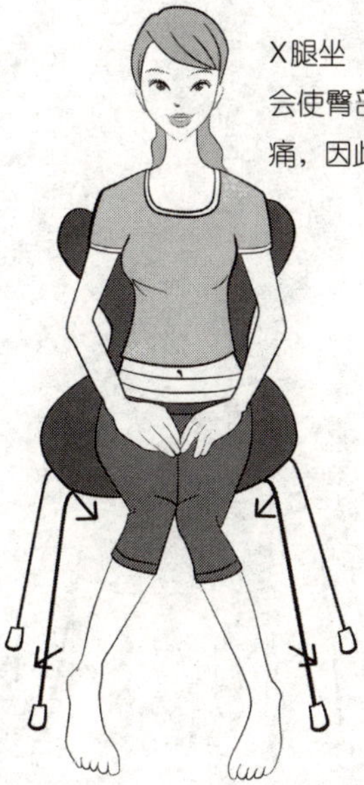

X腿坐

会使臀部变大，也容易引起腰痛，因此要注意。

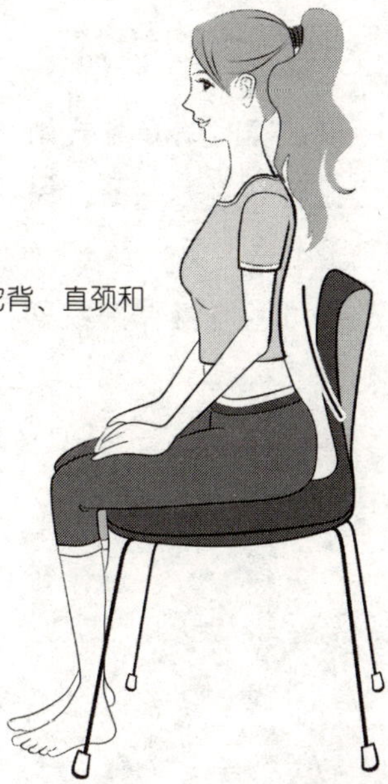

弓腰坐

会导致驼背、直颈和腰痛。

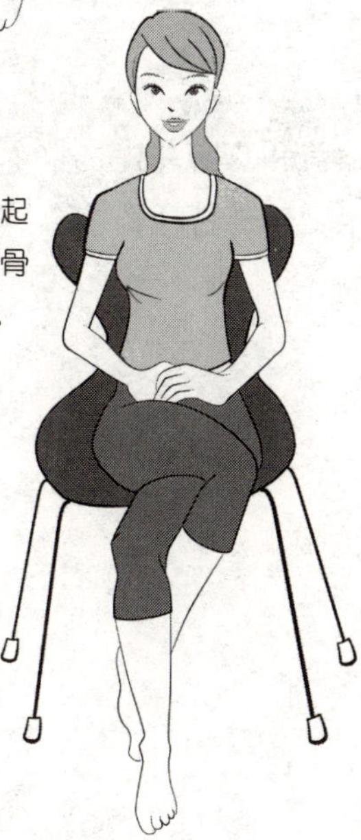

跷腿坐

骨盆松弛，腿就跷起来了。跷腿会引起骨盆歪斜，故须注意。

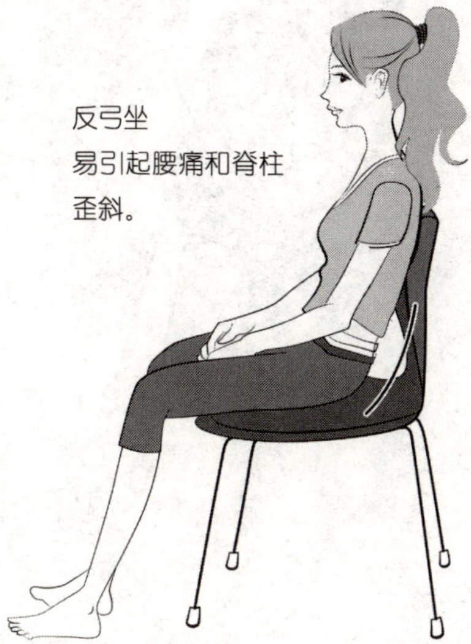

反弓坐

易引起腰痛和脊柱歪斜。

1 正确坐法①

坐椅子的场合

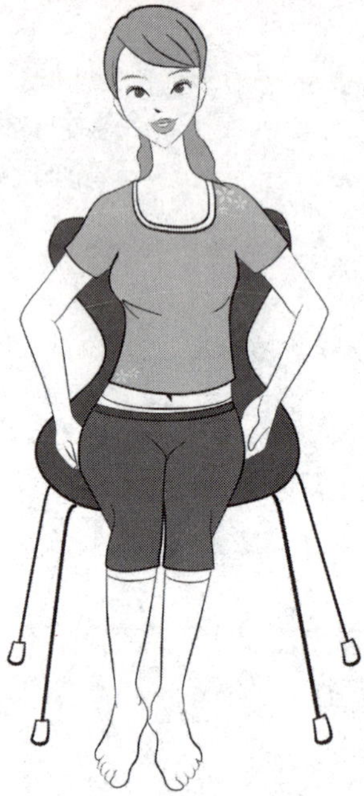

以正确的站立方式站在椅子前。臀下部和大腿后部用力绷紧，保持这样的状态坐到椅子上。

尽可能地将臀部收紧，边保持住，边往下坐。

如果臀部左右松弛，可将臀部的肉从两侧往里推。

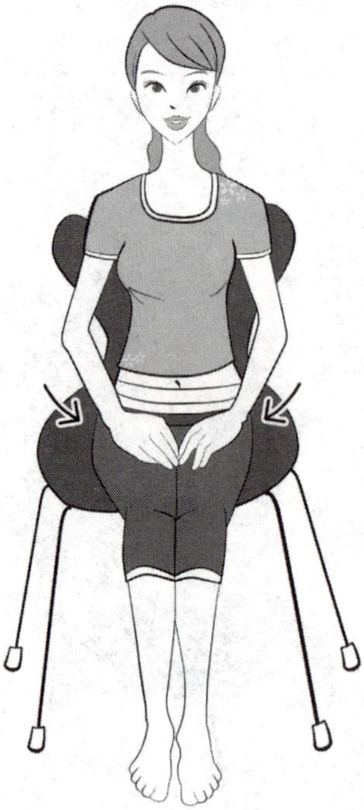

膝盖和双脚并拢，整个脚底都贴在地面上。用腰后部抵住椅背，感觉腹肌用力，动作完成。

在家里你的坐法是这样的吗？——坐地板的场合

侧身坐

双腿伸向右侧，身体重量全部压在左臀上的侧坐方式。这样右腿的膝盖就朝向左侧，髋关节朝向内侧；相反，左腿的膝盖朝向左侧，髋关节朝向外侧。如果有这种坐法的习惯，右边的髋关节就会变得难以打开。

鸭子坐

两只膝盖并拢，双腿向外打开，臀部落在双腿中间的坐法。

这种坐法会使两边的髋关节歪斜，膝盖向内侧扭曲。

2 正确坐法②

坐地板的场合

虽然说端坐会使膝盖变形，但这种坐法也有能够稳固骨盆、增加支撑身体的肌肉力量的优点。

要长时间轻松地坐，臀下部就要用力绷紧，这样能使腰部平稳。

盘腿坐时左右腿要交互变换。始终以一种方式盘腿坐，会引起髋关节扭曲。

3　上下台阶①

上台阶的方法

❶ 弯曲前腿的膝盖，使腿部以脐部下方为起点向前迈出。脚尖先着地，接着用整个脚底支撑身体的重量。

❷ 踮起后脚，将身体往上推。

❸ 上半身挺直，头部像被从上方提升一样，跨上一级台阶。

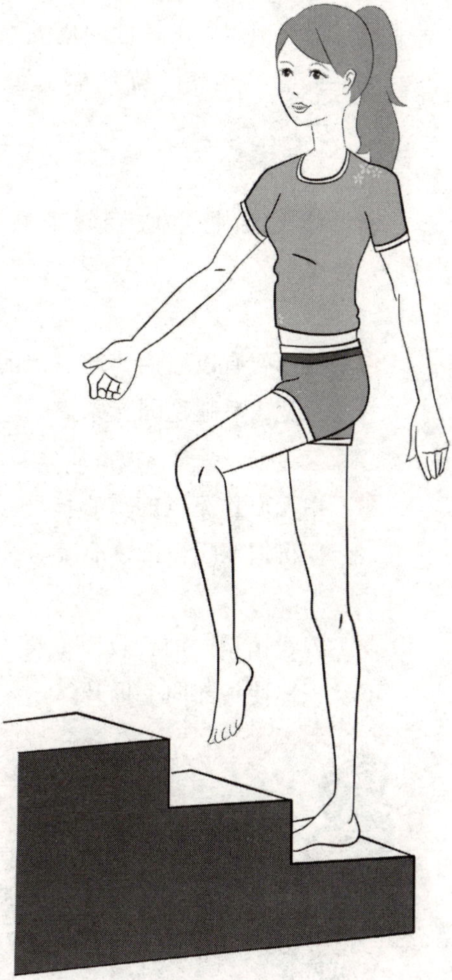

4 上下台阶②

下台阶的方法

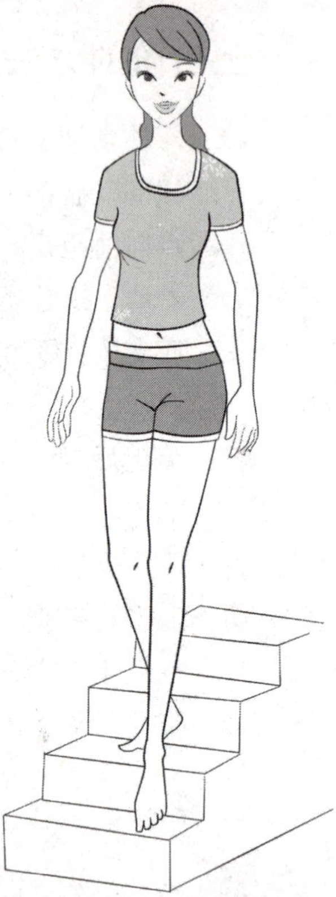

❶ 后腿稍向外侧弯曲稳固支撑身体的重量，一直保持到前腿脚尖着地为止。

❷ 着地后将重心轻轻地转移至前脚掌。

❸ 腿部要有以脐周为起点向前伸出的感觉，后腿稳固支撑。

❹ 用无声且流畅的重心移动，让动作变得像双腿在持续地流动一般。

❺ 视线稍稍向前，收紧小腹，要有意识地使头部向上提升。

女范儿点睛

前几章是从事业和家庭两个方面与你交流如何做个贤淑出色的好女人，这一章是从你的姿势入手，在平衡中把握美，让你的举止轻盈，身材健美。如果再配上点睛的饰品，你的回头率一定高哟！

第5章

好女懂风情　你先是“他”面前的范儿

1. 恰是一低头的温柔
2. 倾听是最动人的表情
3. 幽默女人有人爱
4. 羞涩——尽显女人风情
5. 刚柔相济，让男人欲罢不休
6. 夫妻间的私密

一、恰是一低头的温柔

温柔是女人的铠甲，它使芳华已逝的女人将自己的美丽延续下去，又使充满斗志的女人时时洋溢着蜜意柔情。

温柔是女人的专属，如同阳刚专属男人。在所有的品格当中，女人最有魅力、最诱人、最性感的品格便是温柔。古往今来，大千世界，没有人能抵御温柔的魅力与诱惑。

有着温柔气质的女人在令人目眩的万种风情中是独特的。她不同于斯嘉丽的热辣任性；不同于埃及艳后的妩媚妖娆；不同于简·爱的理智冷静；更不同于波伏娃的睿智深刻。她只用一点温情、一点体贴、一点善意、一点仁爱，就如春雨润物般地化解了人们眉头和心头的阴霾，让阳光无声地透射进来。

台湾第一美女林志玲，22 岁入行当模特，30 岁当上主持人走红，35 岁这年，她成为演员，遇到在好莱坞闯荡十多年的吴宇森，主演了处女作《赤壁》，扮演中国人心目中的千年美女“小乔”。

林志玲的走红是个神话：不会唱歌，主持节目也不够有特色，演戏也只是新人；唯一能够交出成绩单的就是模特走秀，可是作为模特，她又年龄偏大，身材不够高挑儿。但她能从头到脚为 20 多个品牌代言，名正言顺地取代林青霞、萧蔷的地位，成为台湾如今当之无愧的“第一美女”。

林志玲自嘲说，外界对她最大的攻击就是她那自成一派的“嗲妹妹”风格。其实她并没有去强化这种嗲，所谓她的嗲，只是她温柔性格的一种外在表现罢了。

女人的风情总是有千种娇媚、万般风韵，其主要的是温柔。作为女人，你尽可以潇洒、聪慧、干练，但有一点不能少，你必须温柔。有一首歌很流行：我很丑，可是我很温柔。

“温柔”这两个字很自然地就和关心、同情、体贴、宽容、细语柔声联系着。温柔有一种无形的力量，能把一切愤怒、误解、仇恨、冤屈、报复融化掉。在温柔面前，那些吵闹吼叫、斤斤计较、强词夺理、得理不饶人，显得那么可笑可怜。温柔是一场润物无声的小雨，润得你的心灵舒展如春天的枝叶。

或许受到现代社会的影响，身边的女人们开始流行野蛮的举动，但一个野蛮的女人，她的爱情能维持多久。或许刚开始的时候，她的爱人会被她的个性所吸引，能挑起他的挑战欲，但是，每个人都有脆弱的时候。

你能想象得到，一个疲倦、脆弱的人，最需要的是什么吗？当然是温柔的呵护和照顾。

在《红楼梦》中，贾宝玉说“女人是水做的”。水做的女人，应该有水一样的温柔。女人在恋爱时表现出来的温柔，有一份朦胧、一份羞涩、一份浪漫，时刻吸引着对方；在婚姻中表现出来的温柔，则有一份母性、一份责任、一份温暖，时刻让对方牵挂。因此，温柔是爱情的主旋律。

温柔是一种无形的力量。温柔的力量在于不知不觉之间，有着“润物细无声”的效果。

女人，最能打动人的就是这温柔。温柔像一只纤纤细手，知冷知热，知轻知重。只这么一抚摸，受伤的灵魂就愈合了，昏睡的青春就醒来了，痛苦的呻吟就变成甜蜜幸福的鼾声了。

温柔是女人特有的武器，哪个男人不愿意被这样的武器击倒！温柔有一种绵绵的诗意，她缓缓地、轻轻地放射出来，飘到你的身旁，扩展、弥撒，将你围拢、包裹、熏醉，让你感受到一种宽松，一种归属，一种美。

当一个男人在外打拼已经很累的时候，回到家中，一双温柔的双手接过他的皮包，递来一双拖鞋、一杯热茶的时候，此刻，男人觉得，在外面再累，也值得！

温柔的女人是一扇窗，当你轻轻地推开，你可以尽情观赏外面的世界。这个窗外显示的是世界中最美丽的风景。那一窗的温柔，使流浪的心有了家的渴望，在漆黑的夜晚，那温柔的窗口，那期待的目光，等你回家……

温柔的女人是一阵清风，在你的面庞拂过，虽然看不到，但能够真切的感受到。她为这个世界传递着快乐的消息，也预报着天气变化。她会在雨雪来临之前提醒你带伞遮雨、添衣御寒。有时候她又是一阵大风，在你的远航途中推波助澜，只要你高高扬起风帆，就会一同驶入幸福的港湾……

二、倾听是最动人的表情

世界上，有两种力量非常伟大，一是倾听，二是微笑。

在夫妻二人的日常生活过程中，总会遇到一些磕磕碰碰的琐碎事情，如果妻子能耐心地倾听对方说话，这就等于向对方表示了你的兴趣，等于是告诉对方“你说的东西很有价值”或“你很值得我爱”。无形中，你让对方的自尊心得到了满足，使他感到了自己说话的价值。反过来，夫妻二人的感情就会产生一个飞跃，“她能理解我”，“她真是我的知己啊”，于是，二人心灵的距离缩短了，感情却一天天地加深了。

而现实中的情况恰恰相反，大部分的女人不是倾听，而是喜欢唠叨。

女人常常抱怨男人不肯倾听她们说话。当女人说话时，男人不管是忽略还是听一点点，都会给女人带来困惑，甚至内心里突然生出一些无名的烦恼来。当女人不感激这个爱的姿态时，他就觉得迷惑，不管她告诉他多少次他没在听她说什么，他仍然不听，且一直做着同样的事。女人要的是感情的共鸣，而不是一意孤行。

男人常常抱怨女人总是试图改变他们。当女人爱上男人时，她觉得有责任帮助他成长。并帮他改善他的做事方式。不管他如何拒绝她的帮助，她都坚持等待任何帮助他的机会或告诉他该做什么。

在女人的观点中，提供忠告被看作是一种爱的表现，但在男人的世界里则不是。如果冒冒失失地向男人提供建议，等于认定他无法做好事情或他不知道自己该做什么，男人必会因此动怒。所以，除非他请求，否则任何建议或帮助都是对他的自尊的伤害。

在内心深处，每个男人都有一个英雄情结，他渴望像英雄或武士一样尽力保护他所爱的女人，为他所爱的女人效劳。当他感受到信任时，就有可能表现出他最高贵的一面，变得更体贴；但当女人一个劲地没完没了的唠叨，当他感受不到信任时，他就会失去活力与力量，立即停止体贴的行为。

男女间的缘分就像这两粒沙子一样，只有相互不断地摩擦，才能最终相互融合，长相厮守。尽管摩擦有时候很痛，可千万别失去信心，不然，生活的“潮水”就会在你们没有融合前把你们冲进大海，永远无法再见面。

几乎每对夫妻的婚姻都会经历一个这样的磨合过程，只不过长短不同罢了。这是因为夫妻作为两个个体，不可能在方方面面达到完全一致，和谐默契。无论是面对具体而又琐碎的现实生活，还是一些观念的差距。尤其是在亲情、爱情、友情、事业、金钱等方面的价值观的一些差异，都需要经过磨合。

磨合可不仅仅是说说那么简单，我们需要做到理解、包容，还有让步。通过理解、包容和让步，夫妻关系才会自在、默契与和谐。这需要夫妻双方都珍惜夫妻感情，顾及对方才能做到。

婚姻初期，这种磨合是自愿而又愉快的。随着婚龄的增长，这种磨合会慢慢地变成委屈与不甘。激情不能充斥婚姻的全程，而磨合却是自始至终。有时候我们以为自己的婚姻过了磨合期，殊不知那些曾经磨光的棱角还有再生的可能，何况婚姻的进程中还会滋生新的荆棘。此时如果放弃继续磨合，那新生的荆棘就会像荒草一样蔓延。

也许有些棱角像金刚石一样耐磨，有些刺总能顽固地再生，但我们不要因此而失去勇气，要用一生的包容和理解去成全一份美好的婚姻。

爱之万象，皆始于浪漫，归于平凡。市井人生，柴米夫妻，朴素的真情常常蕴涵在平淡的岁月琐事中。“执子之手，与子偕老。”能够在婚姻的征途上披荆斩棘，在磨合中走到终点的女人，就会拥有完美的人生。

那么，女人如何通过倾听来给男人面子呢？

1. 不在外人面前批评“他”

千万不能在有第三人的场合批评你的男人，不管他错得多么离谱，其实男人很多时候在他爱的女人面前像个孩子。他要是真错了，你等回到家里，慢慢地再教训他也不迟。另外，他不是小学生，只要他在你的劈头盖脸的教训中保持沉默就说明他已经承认错误了。你得学会保持适度，既要让他知道你的厉害，也得给他保住面子。

2. 在他面前谦和些

不要把你认为的理所当然强加在他的头上，没有谁可以无条地按照你要求的去做。不管你想要怎样，都要先考虑对方是否能接受。比如他进门时忘记换拖鞋，你可以尝试说几句“请”，而不要向他频频甩出“不要，不准”之类的话，那样他一定会欣然接受，而不会恼羞成怒，破罐破摔。

3. 要内外有别

不管在家里你是怎样耀武扬威，在他的朋友或同事面前都要表现得以他为主。如他有社交应酬时、他要和同事朋友聚会时、他和父母在一起时，假如他答应了别人，那就让他去好了，不要因为他没有和你商量而大发雷霆。

4. 陪他一起走过低谷

男人其实也很累，他睁开眼睛就要面对各种责任和义务，不愿承认自己也有非常脆弱、需要关怀的时候。在他志得意满时，请给予他足够的欣赏；当他遭遇了不公和挫折时，给他一个可以倾诉的港湾，让他受伤的心得到安抚。

5. 不评论他的家人

即使他的家人有错，你都不要直接地批评或指责他们。你直接指出他家人的过错，结果不是解决问题，而是制造了新的矛盾，让他夹在中间左右为难。

三、幽默女人有人爱

幽默是一种态度，一种选择幽默的女人，不是她的生活里没有痛苦和挫折，而是她选择了一种乐观的人生态度，对自己充满信心，赢得他人的爱戴。

一个女人，她很温柔、很妩媚，她很有智慧、善交际，如果同时她也很幽默，令与她相处的人总感到愉快，这样的女人无疑是非常有吸引力的。

一个女人，才华出众，气质高雅，美貌过人，聪明可爱，那就不能不幽默。没有幽默感的女人，就像鲜花没有香味，形似而神无，看上去，却总感觉差了点什么。

曼斯菲尔是英国著名作家、短篇小说大师，他曾经说过：疯狂或死板严肃都是不对的，两者都嫌过度。一个人必须永远保持幽默感。

懂得幽默的女人，一定是善解人意的，而且是智慧的。这样的女人喜欢生活，懂得用自己的方式面对难解之情，用微笑放松自己，懂得用智慧的花香把自己熏陶得更加富有魅力。

但是，幽默不等同于餐桌上低级的笑话，也不是舌根下无聊的怨言，幽默是一种尺度适当的娱乐。幽默的风采，使生活更加多姿。

在小品舞台上，宋丹丹是超生的孕妇，是进城务工的打工妹，是缺俩门牙的老太太……嗓门洪亮底气足，但心里是亮堂堂的。虽然处境颇具黑色幽默的尴尬，但心态总是乐观积极。

她演戏，那真是活灵活现，只要她一出场，那手势，那眼神，那步履，举手投足就带戏，就是活跃的。但是宋丹丹的喜剧却不是插科打诨，很难得见到她在舞台上载歌载舞的样子，她浑身是戏，而且经验极为丰富，她演村妞，从头到脚都是旧花衣衫，她演老太太的妆扮更是经典。电影化妆的水准被她运用在舞台上。"演什么像什么"，她则是"演什么是什么"所以，我们爱看宋丹丹的小品，因为她的小品是被当做艺术来塑造的。

一个女人只有对自己的前景充满希望，她才能发出由衷的笑声，即使暂时处于逆境，她们仍对生活充满信心。在生活中发掘幽默，用快乐来熨平生活留下的伤痕。

幽默的谈吐是建立在说话者思想健康、情趣高尚的基础之上的。它对人提出善意的批评和规劝，它必然要求批评者有较高的思想境界和较高的涵养。一个心地狭隘、思想颓废的女人是不会有幽默感的。幽默者品德要高尚，要心宽气朗，对人充满热情。无数的哲人，他们在与人讲话、谈心时，言谈话语间时常流露出幽默感，使人感到分外热情、亲切，这当然与他们具有乐观的精神、高尚的情趣是分不开的。

一个青年男子在饭馆吃饭。已经吃完了饭，他才对经理说："对不起，钱夹放在家里了，我现在不能付钱。"女经理不慌不忙地说："那好吧！我相信你。为了使我记住此事，必须把你的名字写在门口的黑板上，同时记上你欠款的数目。”男士表示不满：“那不是每个人都看到我的名字了吗？我不是太难堪了吗？”女经理微笑着说：“不必担心，我们会用你的皮大衣把你的名字盖住的。”经理的幽默意图，在于让这位有赖账嫌疑的顾客用物品做抵押，以此逼迫他就范。这位男青年只好拿出钱来，如数付清了饭钱。几乎没费什么力气，经理就维护了饭馆的权益。

有人说，一个没有幽默感的女人，就像鲜花没有香味。只有形，没有神，即使再光鲜的外表，让人感觉还是少了一点灵气。

差不多每个女人都有一点幽默感，但有些女人比另外一些人表现得强烈些。即使你自己觉得你的幽默感比较差些，还是可以改进的。

有些女人被认为有趣、聪明、颇有幽默感，实际上她们并不具有这些品性，她们有的是惊人的记忆力和恰如其分的表达。她们能很快回忆起过去听到或读到的一些事情，把它和当前发生的情况结合起来，这样她们就有了幽默。她们确实有些幽默，但不是自己创造出来的。

所以你也可以通过阅读书籍，观看这一些情景喜剧、幽默剧等方法去培养你的幽默感。你可以观看电视中喜剧演员的表演，注意讲笑话者的表情。脸上被涂“保鲜”的面膜或者黄瓜片，做一些卖萌的动作看上去似乎很有趣，但你在办公室中不能使用，在社交中也不太合适。

一个懂得幽默的女人，她不一定美丽，但一定是智慧的，而且是善解人意的。这样的女人喜欢生活，懂得用自己的方式面对难解之情，用微笑放松自己，懂得用智慧的花香把自己熏陶得更加富有魅力。

一位年轻的厨师给他喜欢的姑娘写了一封情书。他这样写道：“亲爱的，无论是择菜时，还是炒菜时，我都会想到你，你就像盐一样不可缺少。我看见鸡蛋就想起你的眼睛，看见西红柿就想起你柔软的脸颊，看见大葱就想起你的纤纤玉指，看见香菜就想起你苗条的身材。你犹如我的围裙，我时刻离不开你。嫁给我吧，我会把你当做熊掌一样去珍惜。”

不久，姑娘给他回了一封信，她是这样回复的：“我也想过你那像鹅掌的眉毛，像西红柿的眼睛，像大蒜头一样的鼻子，像土豆似的嘴巴，还想起过你那像冬瓜的身材。顺便说一下，我不打算要个像熊掌的丈夫，因为，我和你就像水和油一样不能彼此融合，你能明白我的意思吗?"

幽默地拒绝别人，既不会让人难堪，也可以达到自己所要表述的意愿，这就是幽默的力量。幽默，是社交场合里不可缺少的润滑剂，可以使人们的交往更顺利，更自然，更融洽。

幽默是健康生活的调味品。在公众场合和家庭里，当存在一种不协调的或对一方不利的现象时，超然洒脱的幽默态度往往可以使窘迫尴尬的场面在笑语欢声中消失。夫妻间的幽默还有特殊的功能：在一方心情恶劣或双方发生冲突时，刺激性的语言无疑是火上加油。即使是喋喋不休的规劝，也会事倍功半。而此时一个得体的小幽默，却常常能使其转怒为喜、破涕为笑。

幽默往往是有知识、有修养的表现，是一种高雅的风度。大凡善于幽默者，大多也是知识渊博、辩才杰出、思维敏捷的人。他们非常注意有趣的事物，懂得开玩笑的场合，善于因人、因事不同而开不同的玩笑，能令人耳目一新。

一个女人要想培养幽默感，就得以一定的文化知识、思想修养为基础，多学习那些诙谐、风趣的人开玩笑的方式、方法。至于那些性格比较内向、做事过于认真呆板的女人，要学会欣赏别人的幽默，在社交过程中尽量让自己轻松、洒脱、活泼，想办法把话说得机智、委婉。

女人在运用幽默时，一定要表情自然轻松，只有这样，你才能使幽默的轻松气息感染到身边每个人。记住，一个看起来满面愁容或神情抑郁的女人，是不可能真正地发挥幽默的魅力的。幽默的人生，是乐趣无穷的。所以，学会和善于运用幽默，会令女人获得更多的爱和快乐。

四、羞涩——尽显女人风情

老舍先生曾经说过，温柔是所有美丽的源泉。温柔中有几分羞涩则更动人。人与人之间是一个磁场，男女之间更是有一种独特的生理磁性，女人特征越突出，吸引异性的磁场就越大。

羞涩是人类最天然、最纯真的情感之一，羞涩是一种美的情结，甜蜜的惊慌，异常的心跳，脸上泛起的阵阵红晕，试问哪个男人不为会脸红的姑娘而心动呢?

女人羞涩是一种美，是一种特有的魅力。羞涩是一种感情信号，常常是一种动情的外部表现，是被陌生环境、场面所触发的紧张情绪和被异性拨动了心弦的反应。有诗曰：“姑娘，你那娇羞的脸使我动心。那两片绯红的云显示了你爱我的纯真。”可见，一张羞涩的脸，便是一首优美的诗。

羞涩是女人独具的特色，是特有的风韵和美色。诚然，男人也会有羞涩，然而更多的、更频繁的、更鲜艳迷人的羞涩，却总是浮现在女人的脸上。男人羞涩时脸上往往显得狼狈可笑，而女人的羞涩却被认为是天然合理的美。如果女人缺少了羞涩，该羞涩的时候表现得无所谓，就会被看成是厚颜无耻。由此看来，羞涩应该说是属于女人的，或者说此乃女人之特色。一提“红颜”，谁都知道指的是女子而不是男子，这“红”字显然不是面部的青春红润，更重要的是与羞涩有直接关系。红色的羞涩象征着女性，但它往往稍纵即逝，所以，自古女子就学会了使用红色的胭脂，起到了羞涩常驻的效果，有助于保持和强调女性的特色。

历代文人骚客都注意到了女性的羞涩之美，都有出色的描写。

曹雪芹在《红楼梦》中写宝、黛共读《西厢记》时，宝玉自比作张君瑞，戏说：“我就是个多愁多病的身，你就是那倾城倾国的貌。”黛玉听了桃腮飞红，眉似颦而面带嗔，羞涩之情跃然纸上。

羞涩是大自然的某种秘密，用来抑制放纵的欲望，它顺其自然的召唤，但永远同善、德和谐一致。伯拉克西特列斯的雕塑名作《克尼德的阿佛罗狄忒》和《梅底奇的阿佛罗狄忒》，都是反映女性羞涩美的。羞涩之情犹如披在女性身上的神秘轻纱，增加了她们的迷离朦胧。这是一种含蓄的美、美的含蓄，是一种蕴藉的柔情、柔情的蕴藉。“犹抱琵琶半遮面”、“插柳不让春知道”的神韵尤能刺激人的丰富想象力，甚至使人着魔入迷，如醉如痴。同时它闪耀着谦逊的光辉，是一种道德和审美的反射，唤醒两性关系中的精神因素，从而减弱了纯粹的生理作用，促进两性关系日臻高尚、完美。

羞涩的女人是文静的女人。羞涩的女人具有文静稳重的品性。她步履轻飘、袅娜玲珑；她口吐幽兰、余音袅袅；她心态平和、不愠不惊……这一切使她更迷人、更富有吸引力。

羞涩的女人是明事理的女人。羞涩的女人更明白事理，她会懂得尊重别人、倾听别人的意见，在家里她是贤惠的妻子、慈祥的母亲、孝顺的媳妇；在外面她是敬业的员工、同事信赖的朋友……

羞涩的女人是易相处的女人。羞涩的女人是忠心的朋友，也更容易相处。对自己的成功既不虚饰也不狂傲，对他人的成功既不妒忌也不眼红。

对自己的困难从不愿麻烦别人，对朋友的困难总会透支自己的能力。

女人的羞涩，好似花丛中的含羞草，看似平淡无奇却异常坚忍不拔。女人的羞涩，使女人不施粉黛而妩媚，不着彩衣而妖娆。羞涩的女人永远备受男人的钟爱和呵护，羞涩之美留给人的美感是如此的难以抗拒！

动人的表情，迷人的色彩，优雅的举止，朦胧的神韵，温柔的蕴藉，女人的羞涩，让女人的魅力发挥到极致！

五、刚柔相济，让男人欲罢不休

最美的女人是在看似娇柔的外表下，一定要有一颗坚毅勇敢的心，当生活中风雨兼程时，不会花容失色，失去主张；当生活遇到困惑时，带着温柔的坚定，守候在自己的爱人身边，给他最温柔的鼓励，最坚强的信心。

女性的温柔是一种智慧，是一种修养，是一种最高境界，是一种力量，更是女性独有的武器。生命的美丽需要女性的温柔来点缀，成功的事业需要女性的柔情来交际，幸福的婚姻需要女性的温柔来经营。有了温柔作武器，女性将变得智勇双全，在人生的路上攻克各种难关，所向无敌。

从古至今，在人们的观念里，人们总希望男孩子富于竞争，敢作敢为，能干一番轰轰烈烈的大事业；对女孩子则多是保守型的，希望她行为温顺、妩媚可爱、举止文静。于是，人们总是给予男孩子更多的活动空间，女孩子却大多数时间只能静坐闺房。

这种差别造成女孩子从小就对自己的“阴柔”有了一个固定认识，那就是女孩子是弱的，男孩子是强的，女孩很难战胜男孩，所以最好不要和他们竞争。

社会在不断发展，人们的观念也在不断更新，“阳刚”亦可柔，“阴柔”亦可刚。刚可压柔，柔可克刚。女性只要恰当运用自己温柔的优势，就一定能在男人的世界中获得自己应有的权利。

作为一位白领女性，当男同事挑剔你不懂温柔的时候，你应该怎么办呢？这应该视具体情况来作决定。当男同事对温柔有着不正确的理解，错把你的温柔当成了不解温柔的时候，你要耐心地向他讲明女人温柔的含义，希望他纠正不正确的观念，真正理解你。

温柔不会妨碍你在事业上的进取。一个好女人，尽管她在事业上成绩显赫，到了家里也会变成一个温柔的妻子。她们在事业也有着拼搏冲杀的男人气质；在爱情中有着女人“柔”的一面，刚柔相济，往往能够促使你的爱情和事业共同发展。要让男人感到自己的温柔，职业女性应根除专横、撒泼的恶习。试想，哪个男人愿意娶一个比他更加有“男人味”的妻子呢？所以，白领女性应该用细腻的感情来体贴男人，送给他一丝温暖和柔情，他才能发现你的温柔可爱。

许多白领女性觉得美丽才是最主要的，没有美丽的外表，就不会有追随的男人，更缺少拥护的男人。可是男人们所追求的往往是可爱的女人，并非有多漂亮，而是需要有善解人意的性格。

在男人烦恼的时候要求你替他排忧解愁，在男人高兴的时候和他一起分享，在他劳累的时候闻到的是咖啡的香味……并不需要做得有多么好，可爱的女人能够缓冲男人工作上的疲劳，能够享受生活的乐趣。

周丽丽是一个相貌平平但却十分精干的女子，但在公司里，同事们尤其是男同事都不愿意与她共事。

后来，周丽丽给公司拉来了好几个大客户，觉得这样就能扬眉吐气了，但是男同事们除了认可她的能干以外，还是对她不冷不热。为什么会这样呢？她反思了好几天，终于有所领悟，是不是自己只是知道一味地工作却忽视了和大家的交流呢？她想换一种方式去改变大家对她的看法。于是一天早上，她早早地来到办公室，买来了一大束鲜花，她希望这些美丽的鲜花能给每一位同事带来温馨。整个办公室因为有了鲜花而香气四溢。同事们上班时都赞美这些美丽的鲜花，并且因为有了这些鲜花的陪伴，一整天都精神十足，大家都被这温馨的花香感动了。

周丽丽通过鲜花使同事们感受到了她的温柔可爱之处。

一个外表漂亮的职业女性，如果脸上总是带着冷漠的表情，使人感到好像拒人于千里之外一样，说话的时候总是带着刺，总是拿她的好恶来对付别人，男人往往不会接近她，因为没有哪个男人愿意碰一鼻子灰。

温柔，是上天为女人量身定做的服装。女人穿着温柔这件衣服，使她们在人生的道路上所向披靡。在现实生活中，也有很多女性，把温柔用于工作当中，常常能令她们在"山重水复疑无路"时出现"柳暗花明又一村"的奇迹。

六、夫妻间的私密

每个女人都在追求生活的深刻和完美，却忽视享受那原始自然而简约的快乐。

真正懂得追求幸福的女人如一湖温柔的春水，能洗冲男人身上的"污垢"，焕发男人的自信，让其满身清爽地去搏击。

在人们的观念里，普遍认为主动提出性要求是男人们的事，如果女人主动则被认为是一件耻辱的事。这实际上就大错特错了，性爱是两个人的事，只有两人都有这种欲望时，才能达到和谐。男人更渴望一个，在卧室里用尽一切手段媚惑自己的女人，而这样的女人才是能真正地享受到幸福的女人。能主动追求"性"福的女人才是真正懂得追求幸福的女人。

生理学研究发现，女人和男人身上都存在着许多不同的兴奋点，两个人应该耐心地去尝试，去发现。当你们了解到彼此的兴奋点以后，在放松而浪漫的环境中，就要好好地享受一下了。

由于女人的高潮来得比较慢，因此女人比男性更需要前奏和调戏。

那么，就为自己和他营造一个性感的氛围吧，试想一下，性感的内衣、若隐若现的肌肤、似有似无的香味、柔滑的丝质床单，还有闪烁的香烛、性感的眼神和嘴唇，这一切都会令人情不自禁。

王倩和老公结婚以来感情一直很好，孩子也活泼健康，这样的家庭生活让她很满足。但是最近在床上老公总是向她提出让她感到难堪的问题：什么“你的感觉如何”、“高潮了吗”、“你要我怎样做”等，王倩实在不知道该如何启齿。在王倩看来，这种事应该“只可意会，不可言传”，说破了又有什么意思。她不喜欢老公这样的做爱态度，但却不知怎么才能让他知道。

其实，女人完全可以大胆地将自己的感受如实地讲述出来，若能如此，不仅具体的烦恼可以较好地解决，而且可能极大地提高自己的心理素质，有利于增进心理健康。

如果丈夫的某些动作，让你高潮迭起，不妨当亲热之后，在双方都感到愉快之时，向自己的爱人表白，要让他知道你的感觉，不用去讲那些不好的方面，尽可以交流那些自己非常舒适和愉快的事。这样，就可以鼓励丈夫的自信，从而调动他的积极性。

女人向丈夫说自己在性生活中的感觉和感情时，要如实相告，细致一些更好，告诉丈夫自己不喜欢他哪些做法，既包括爱抚方式，也包括性交技巧，还包括时间地点，等等。最好是能够具体地建议他做些什么，如果自己也不清楚，那么也可以只建议他做出改变，然后双方共同去发现怎么做最好。

当然，交流需要循序渐进一步一步地慢慢来。换句话说，也就是不管你有多大的烦恼和不满，都必须先从第一步做起，首先向丈夫讲出自己觉得很愉快、很喜欢的事，哪怕这样的事出现过一次。女人不要害怕你们的交流会很尴尬，其实这些交流可以使你和你另一半的关系更加亲密。

完美的性爱诚然能给人以愉悦，但它同样需要双方的磨合和探讨，难以一蹴而就。美国一家性学研究所对515位已婚女性的问卷调查表明，不常表达性感受的妻子只有20%能获得性高潮；常和丈夫谈性感受的女性50%以上都能达到性高潮；而经常指导丈夫性动作的妻子，则会有67%的机会达到性高潮。因此，对性生活经常不满的女人，如果你的伴侣有什么要求，不妨婉转地告诉他。如果对方提出某些要求，也可以试着改变一下自己。

性生活做为夫妻婚姻中的不可避免之旋律，是要大胆去面对的。当你选择直言不讳时，同时也选择了进步，选择了健康。总之做到了正确的交流，并在性生活中互尊互爱，紧密配合，灵肉交融，这样一对爱侣才能探索到那美妙的巅峰。

有性的婚姻才是一个完整的婚姻，而和谐的性生活能造就一个美满的婚姻。

女范儿点睛

温柔的女性是一扇窗，打开它你可以看到姹紫嫣红开遍；在男人面前你可以用倾听去感动他，用幽然去提醒他；朦胧的羞涩，温柔的慰藉，在刚柔与羞涩间，让你的男人欲罢不休！温柔，就从现在开始。

第6章

驾驭心情　职场女范儿好心态

1. 事来则心始现，事去而心随空
2. 得之淡然，失之坦然
3. 淡定地生活，安静地做人
4. 决胜职场四招式
5. 抱残守缺别太求完美
6. 接受现实，知性女人少抱怨
7. 虚荣要适度

一、事来则心始现，事去而心随空

风来疏竹，风过而竹不留声；雁渡寒潭，雁去而潭不留影。故君子事来则心始现，事去而心随空。意思是说，当风吹过，稀疏的竹林会发出沙沙的声音，可是当风过去之后，竹林依旧归于寂静；当大雁飞过，寒潭故然映出雁影，但是雁飞过后，清澈的水面依旧是一片晶莹。一个有品德的女人也是如此，当事情来临时她的本性才会显现出来，事后，她的本性也就恢复了原来的空明平静。

人生在世，草木一秋，有时候人难免会遇到一些委屈、不如意的事，就好像晴天的时候也会有沙尘遮挡太阳一样。学会忘记就极其重要……太阳每天都会从东方升起，每天的太阳都是新的。对于女人来说，有些记忆实在没有意义。学会告别过去，学会放过自己，学会遗忘，很有必要。

学会忘记是人生一种境界。忘记成功，你便从零开始，迈开今天前进的步伐；忘记失败，你便能充满信心，勇敢的面对未来生活的挑战；忘记怨恨，你便能摆脱报复的阴影，化干戈为玉帛，心平气和地善待他人；忘记痛苦，你便能摆脱纠缠，让身心沉浸在悠闲无虑的宁静里；忘记遗憾，你能放下包袱，轻装上阵；忘记名利，你便能知足常乐，活得更潇洒。

学会忘记是一种豁达的生活态度。学会忘记，你能走出失败的阴影，走出自卑的泥潭，走出痛苦的深渊，重新认识自己；学会忘记，并不是忘记一切。只是忘记毫无意义的阅历，是去粗取精。大浪淘沙以后，留下的都是你最珍惜的记忆。温馨的往事，迷途时别人真诚的关怀，你最好时时记起，亲切的人和话语，困惑时一句真诚的鼓励，你要常常温习，以此培养你的爱心和善意。这样你便不会在痛苦、失意和挫折面前垂头丧气，便不会对生活失去信心和诚意，便不会失去重新振奋起来的力量和勇气。

以前，惠芳每到深夜都会放一张 CD——林忆莲的《sandy》，碟中有《至少还有你》、《伤痕》、《此情可待成追忆》等脍炙人口的经典歌曲，这张 CD 带给她无尽的回忆。她曾试着不再纠缠于那段往事中，有一阵，她固执地以为只要不再听这张 CD，就能回到那段往事之前，后来她才发现，她还是做不到。

CD 是惠芳前男友去韩国前送给她的。那是惠芳生日时，男友把那张 CD 碟夹在一大堆写满誓言的贺卡与鲜花之间，从身后激情洋溢地递到她的面前。然后抱着惠芳，说："是你喜欢的林忆莲"，男友在惠芳耳边说着缠绵的言辞。那是她经历的第一次爱情。等待男友回国的日子里，惠芳满怀期待地听着《sandy》，幻想着幸福的爱情和未来。

两年后，男友回国了，将一张粉红色的结婚请柬递到惠芳手上。惠芳呆呆地站在那里蓦然间不知所措，最终，惠芳没能参加他的婚礼，她们的爱情终成隔世的回忆。在那个伤心的晚上，惠芳听着《sandy》，才突然发现：再繁华、美丽的爱情也禁不住时间的洗涤。男友完婚后，回到韩国定居，后来曾回国一次，宴请了除惠芳之外的所有朋友。当闺中密友把这个消息告诉惠芳时，她真的就像死过一次一样，朋友对她说："不见你，可能是不想让你伤心吧，你还是忘了他吧，这样无谓的纠缠、回忆是没用的。"

于是惠芳发誓忘了他，让悲伤止步。她离开了曾经充满甜蜜的城市，想从往昔的气息里彻底走出来，心情似乎也好了很多。在新的城市，她邂逅了现在的丈夫，丈夫和她一样也爱听林忆莲的歌。当她再次听到《至少还有你》的时候，回忆如潮水般涌来，却带着让她安心的平静。这时，她才知道，她真的不再纠缠于过去了，能放下一切，开始她的新生活了！

人活着，就要学会放下，放下毫无结果的爱情，放下已成昨日黄花的往事，放下曾经深爱过却无法厮守的人，惠芳就是这样才从悲哀中解脱出来了，看到了放晴的天空。

一切随缘，若是有缘，时间、空间都不是距离。若是无缘，终是相聚也无法会意。凡事不必太在意，更不需要去强求。世间万物皆幻象，一切随缘生而生，随缘灭而灭。

每一件往事都是成长的影子，在女人的记忆中留下了深深浅浅的痕迹，但人生中重要的是未来，而不是纠缠于往事，裹足不前。

悠悠往事如铭记于心的照片，凌乱而充满记忆，总是在心灵深处盘旋，让你在毫不经意间忆起，又百无聊赖地想忘记；悠悠往事如默默生长的兰草，总对你含情脉脉地吐露芬芳，而在你留意之时，却不经意间枯萎了；悠悠往事如转瞬即逝的烟花，曾经绚烂非凡，却不可能停留……

女人的记忆中盛放不了太多凌乱、不堪回首的往事，我们无须用过去的伤痛无止境地折磨自己。人生在世，不同的阶段会有不同的使命，过去的快乐和痛苦，请郑重地放下，不再纠缠，不再因它而伤感，而是珍惜地将它留在过去，留在记忆中，慢慢沉淀，而后，放下一切，再次快乐前行！

人生中的每一段，走过了都无法再重来，除了偶尔的嗟叹、回忆之外，就不要过多地纠缠了，而应好好想想如何经营余下的人生，让自己短短数十年的人生更加精彩。每一个女人都是独一无二的，每一天也是独一无二的，在通往未来的旅程中，不必再为往事痛心，不要让它成为自己心中的枷锁，为自己徒增烦恼。

往事，早已成梦。当一切已成过去，我们不妨轻轻地拥抱一下回忆里的温暖，感受一下记忆里的温度，然后干干净净地离开，不再纠缠于那一张张陈旧的照片、一页页泛黄的日记，就这样，让那些刻骨铭心的往事慢慢地变成落叶，随风而去……

二、得之淡然，失之坦然

得之淡然，失之坦然是人生的境界，不是得之不重视，也不是失之不争取。这里最重要的是做到理智，没有理智无法淡然。这种淡然，是超越自我的一种超然。我坦然，于是我心美丽。我心美丽，于是我的人生跟着美丽。

有所舍，才有所得。不舍，则空空落落什么也得不到，就好像《红楼梦》里说的“机关算尽太聪明，反误了卿卿性命”，说的就是无舍也无得，反倒连性命也赔进去的人。有时候，看开一点，淡然一点，退一步海阔天空，舍得舍得，这个词自古连在一起，因为有舍才有得。

每个人手上其实都攥着自己人生的选择权，但许许多多人并没有使用这一权利，他们不舍，于是终其一生，也没有得到什么，这也许就是成千上万的人碌碌无为、平庸一世、抑郁一生的最直接原因。现代社会的女人，没有必要再抱着“女子无才便是德”的观念委屈自己，女人一样可以实现自己的人生价值，拿起人生的选择权，舍弃该舍弃的，每个人的精力有限，只有舍弃了旁枝末节，才能将全部的精力放在最重要的事上，才能有所得有所获。有舍有得，才能给生命不断注入新的激情；摆正心态，对未来怀抱希望，但也做好最坏的打算，有舍有得，才能拥有把握自己命运的伟大力量；有舍有得，才能将人生的美好梦想真正变成辉煌的现实。

维纳斯正是由于少了一双玉臂，才能在千百万年中保持她那最美丽的妇女的荣誉。

美术商店门口，有座断臂的维纳斯雕像，约两米高。有一天，一位年轻的母亲领着小女儿路经这里。小女儿竟停了下来。年轻的母亲便指着雕像说：“她是维纳斯，罗马神话中的女神。她多美！”小女儿的眼睛闪着异样的神采，她忽然问：

“她怎么没有胳膊和手呢？”年轻的母亲迟疑了一会儿，才说：“她生下来就没有了……她永远是最完美的女性。”

失去双臂的维纳斯雕像何以能产生那么大的艺术吸引力？

就如蒙娜丽莎含蓄的嘴角微笑引来百年来人们的惊叹与赞许。那么维纳斯的断臂到哪儿去了呢？据说，1820 年从希腊弥罗岛上倒塌的庙堂里发掘出来时，已经下落不明。下落不明可能是最好的答案。不过，这件稀世珍品的艺术内蕴却因此更丰富了。

法国名人卢森堡说：“维纳斯归根结底正是由于她不讲话，才能在千百万年中保持她那最美丽的妇女的荣誉；但是只要她一开口，说不定她的魅力就烟消云散了。

下面我们再来看一个公主与王子的故事。

国王有七个女儿，这七位美丽的公主是国王的骄傲。

她们那一头乌黑亮丽的长发远近皆知，所以国王送给她们每人一百个漂亮的发夹。

有一天早上，大公主醒来，一如往常地用发夹整理她的秀发，却发现少了一个发夹，于是她偷偷地到了二公主的房里，拿走了一个发夹。

二公主发现少了一个发夹，便到三公主房里拿走一个发夹；三公主发现少了一个发夹，也偷偷地拿走四公主的一个发夹；四公主如法炮制拿走了五公主的发夹；五公主一样拿走六公主的发夹；六公主只好拿走七公主的发夹。于是，七公主的发夹只剩下九十九个。

隔天，邻国英俊的王子忽然来到皇宫，他对国王说："昨天我养的百灵鸟叨回了一个发夹，我想这一定是属于公主们的，而这也真是一种奇妙的缘分，不晓得是哪位公主掉了发夹?"公主们听到了这件事，都在心里想说："是我掉的，是我掉的。"

可是头上明明完整的别着一百个发夹，所以都懊恼得很，却说不出。

只有七公主走出来说："我掉了一个发夹。"

话才说完，一头漂亮的长发因为少了一个发夹，全部披散了下来，王子不由得看呆了。

故事的结局，想当然的是王子与公主从此一起过着幸福快乐的日子。

人生难免遭遇不幸，如果你只是沉浸在痛苦之中无法自拔，抱怨老天的不公和命途的不测，反而会增加自己的不幸，让自己失去更多。如果我们能够为所失去的感恩，勇敢地接纳失去的事实，生命就会因此而增添无限的亮丽与光彩，也使自己能够获得另一次成功的机会。

有句名言是这样说的：上帝在关上一扇门的同时，却会给你打开另一扇窗。因此，当你失去一样东西的时候，也会获得另外一种补偿，关键是你能不能看到这一点。

1941 年 12 月的一天晚上，爱迪生的实验室发生一场大火，爱迪生近 200 万美金的设备和大部分研究成果化为灰烬。在大火最猛烈的时候，爱迪生 24 岁的儿子查里斯在浓烟和废墟中发疯似的寻找着父亲，他怕父亲忍受不了这一痛苦而出现什么意外。而当查里斯找到父亲的时候，却发现老父亲正非常平静地看着火势，火光在他的脸上摇曳不定。

查里斯看着年迈的父亲，看着他多年的心血毁于一旦，真的为父亲难过不已。然而67岁的爱迪生却做出了出人意料的反应，他看见儿子，大声地嚷道："查里斯，你母亲去哪儿了？快把她找来，这辈子恐怕再也见不着这样壮观的场面了！"

第二天早上，当爱迪生再次来到现场时，面对一片废墟，面对大家同情和怜悯的眼光，他镇定自若地对众人说："灾难自有它的价值，瞧，这不，我们以前所有的谬误和过失都让大火烧了个一干二净，感谢上帝，这下我们又可以从头再来了。"

为失去而庆幸，这不仅是面对不幸的一种勇气，更是充满希望地面对人生的一种心态。毕竟，失去已成事实，昨日已经远去，沉溺于痛苦之中对自己没有任何好处，与其止步不前，还不如坦然面对，从头再来，把不幸的遭遇当成是生命中的一块跳板，跳过去，反而会使自己的人生变得更加精彩。

人不总是因为全部拥有而幸福，相反因失去而美丽。

为什么一有缺憾就拼命去补足？但有时正是因为缺憾，未来就有了无限的转机、无限的可能性，何尝不是一件值得高兴的事！人生不可避免的缺憾，你怎样面对呢？逃避不一定躲得过，面对不一定最难受；孤单不一定不快乐，得到不一定能长久；失去不一定不再有，转身不一定最软弱；别急着说别无选择，别以为世上只有对与错；许多事情的答案都不是只有一个。所以，我们永远有路可以走！

人生正因为有得有失，才显得美丽，得和失是相对的，失去的不一定就是坏事。你能找到理由难过，也一定能找到理由快乐，一切要顺其自然，不必强求完美。

三、淡定地生活，安静地做人

宠辱不惊，看庭前花开花落；

去留无意，望天边云卷云舒。

淡定是一种生活的境界，我们都需要这种境界，在生活中才会处之泰然，宠辱不惊，才不会因为兴奋而忘乎所以，也不会因为悲伤而又痛不欲生。

淡定就是遇事保持从容、冷静、沉着的心境，对事情做到心中有数，了然于胸，并将自己的态度和自己的分析沉淀到心中，做到泰然自若；淡定是遇事沉稳又积极果断的态度；是行事收放自如，山崩于前毫无畏惧的勇气；是名利场中灯红酒绿，事后过眼云烟的风度；是稳而避其乱，洞悉而豁达，如庖丁解牛的效率；淡定也是内心在心态上的修炼所呈现出的那种从容、优雅的感觉。

你或许没有闲适女人的雅致、没有温柔女人的柔情、没有心仪女人的清丽，你不讲究自己的装束，也不在意别人的评头品足。但你以孩子为中心，以老公为半径，一切围绕家庭转。但也正是这些看似平凡的默默无闻的奉献，给家庭带来了幸福，给社会增加了和谐，你是家的灵魂，家因有你的存在而温馨浪漫，谁又能说这不是平凡中的美丽呢？

或许再年轻一点的女性，更是不能否认你的美丽，因为你也在平凡中创造了属于自己的亮点。比如在大学校园里的女孩，来自五湖四海齐聚一堂，她们有的贵如牡丹，有的艳若桃李，有的静似幽兰……或明媚动人，或秀外慧中，或活泼可爱。

而你却是一个像小草一样平凡无奇的女孩，没有姣好的容貌，没有聪明的头脑，也没有幽默爽朗的性子，似乎上帝就是这样不公平，把美好的一切都放在别人的身上，独独忘记了为你的衣襟别上一颗闪亮的珍珠。

你抱怨过吗？你恼怒过吗？当你发现所有的懊恼都是无用功的时候，你是否自卑过？你现在是否依然被困在那阴暗的地带，沮丧徘徊？

上帝虽然没有给你塑造一个美丽的外表，让你失去了登上华丽舞台的机会，让你不能拥有炫目的光彩，也不能拥有轰轰烈烈的爱情，但是你却多了一份闲暇，一份宁静，从而能够更好地远离喧嚣，远离烦躁，用自己那颗敏感的心，感受着世界种种感情的碰撞，感悟着别具特色的悲欢离合的情景剧。

舒婷曾说：“我简单，所以我快乐；我平凡，所以我丰富。保持一颗平凡的心，做出不平凡的事业。”

是的，平凡的你同样可以生活得丰富多彩，同样可以尽情地品味幸福。既然没有万人注目的场景，因而你也不会害怕失败的压力，你完全可以心平气和地制造属于自己的亮点。

也许你并不天生丽质，但是你有一双创造美丽的双手，当它落在钢琴的黑白键上，就如一股山泉倾泻石板之上，明朗欢快；就会有一阵微风吹过挂在窗前的风铃，清脆悦耳。虽然只是简单平凡，但是它却能抚去别人心头的烦恼、落寞与惆怅。

当然，这需要有一颗恬淡的心灵，虽然在那里没有灯火闪烁的绚烂，也没有名山大川的豪迈，但是，有几缕清风，有一片草地和散落其间的不知名的小花，有一池水光潋滟的碧波，那不也是令人耳目一新的风景吗？

有人说，女人都是喜欢相互攀比的，比各自的衣服，比老公的薪水，比孩子的智力，若是占了优势就暗自得意，处于劣势就叹气抱怨。总是盯着自己没有的，却看不到自己拥有的。其实，这种不满足的心态就是情商低的一个表现，生活中这样的女性并不少见。

当你的男朋友或者老公出差回来，给你买了一件衣服，但式样已经过时了，对于情商低的女人来说，一定会说自己的老公傻，不会办事，钱花了，却没有办好事；如果换作高情商的女人，就不会这么说，她即便不喜欢这件衣服，但她嘴上也会感谢自己的老公。很明显，后者的话让人听起来更加舒服。而这就是高情商与低情商女人之间的差别。

女人要懂得知足，无论买了什么样的衣服，无论花了多少钱，那都是他的一片心意，都是他对你的爱恋，不要用你的愚蠢和贪婪葬送你的幸福。因为那件衣服，也许是他在外面省吃俭用，节省各种开支给你买下的，也许是他转了大半天，精挑细选才找到的。对这样一份爱，还有什么理由不知足呢？

欲望是无止境的，做个知足的女人吧，知足的女人，不虚荣不攀比，穿衣不一定讲究什么名牌，却能穿出名牌效应，因为她们懂得怎样着装才是最佳的搭配。她们不会盲目地追赶时髦，追风头，更不羡慕裘皮大衣，但她们一定会穿出自己独特的风格，穿出自己独有的韵味。

知足的女人从不眼红别人的花园别墅，也不奢望什么豪华轿车，她们会根据自己的经济情况量入而出，也许她们的住处不一定多么宽敞高大，装修也不讲究多么的富丽堂皇，但她们布置得非常典雅，哪怕只有一间属于自己的干净整洁的小屋，也感到很温馨，很满足。

知足的女人对爱情是知足的，她能注意到来自他点点滴滴的爱，能感受到他对自己的温暖呵护，并且让他知道自己因为拥有他的爱，是多么的幸福。

知足的女人，也不会去追求夫贵妻荣，更不会给男人太多的压力。她们不会要求男人一定要做高官拿厚禄，一定要有多么大的权势，只要他勤勉努力，尽心尽力就好。富裕的生活也不会张扬招摇，依然淡然低调。贫穷的日子，也能安贫乐道，把生活调剂的有滋有味。

攀比，有时会让女人活得很累，有时候从容就是在不经意间的挥洒。当一个人勇于面对生活中的不如意时，这时是一种从容；当一个人失意而微笑面对时，这也是一种从容；当一个人在灾难面前泰然自若时，这还是一种从容；当一个人面对荣辱而仍是一副坦然的神情时，这更是一种从容；当一个人面对世间的功名利禄而仍然保持淡定，拥有从容不迫的心境时，这更是不折不扣的从容……

从容是一种大家的风范，也是一种海阔天空的气度，更是一种自然而然的成熟。

生活中，保持自己的本色，不去与别人攀比，保持着一份淡然，女人就不会慌乱于应对种种风雨。尽管残酷的竞争时时渗透到生活中每个角落，人们的紧迫感和危机感随时充塞着绷紧的心弦，但是，只要有了这份从容，生活都会留给女人一份平静和坦然，都会如小溪流水般自然宁静。

大千世界太过复杂，但是当你我把世界的本质看穿后，却又是那样的简单。不是叫你去做如何高深的人，只是让我们在日生活中多点平静。让我们要怀着一颗淡定的心去迎接这精彩的人生。

四、决胜职场四招式

一个成功的职业人的职场发展路径往往会伴随着工作角色的转变，自身也在不断探索能力和态度之间的平衡点。

君不见，许多“三高”（高学历、高收入、高素质）人士，初始，信心满满地驰骋职场江湖，未经几轮厮杀，便早已遍体鳞伤、身心疲惫，难免让人嗟叹。

她们往往更是自命不凡，心态浮躁，对待工作不肯从基层做起，总想着一步登天，结果却事与愿违，很难在职场上找到突破口。

许多硕士、博士等高学历的女性朋友，由于没有摆正自己的心态。她们总是高不就、低不取，对那些平凡岗位没有丝毫兴趣，她们认为自己应该找一份和自己能力"匹配"的工作。要知道，随着人们教育水平的提高，高学历的人会越来越多。社会中缺少的只是踏实工作、务实进取的人。

乳业巨头牛根生关于"德才问题"的哲学辩证：有德无才培养使用，有才无德限制使用，有才有德重点使用，无才无德坚决不用。这里的"才"指的就是能力，而"德"则指的是态度。

我们应该把什么样的自己展现在公司面前呢？这将是每一位职场人士首先要思考的问题。不可否认的是，如果说没有一定的能力将很难胜任工作，但是如果说仅仅具备能力，而在态度上桀骜不驯的话也很难会有太大的发展。

"恃才傲物"和"怀才不遇"这两个成语，很能代表上述结论。第一个"恃才傲物"，通常情况下，大多数"傲物"者通常都"恃才"，因为"恃才"是"傲物"的资本和资格。但是与恃才傲物相对应的另一个成语则是"怀才不遇"，所以由此可见，从"恃才傲物"到"怀才不遇"这种悲剧从某种程度上揭示了一个非常深刻的道理，那就是从自身角度上发展的时候会特别注重自身的能力和才华，但是一个公司为了统一管理，不可能让有才的人一直自以为是，刚愎自用，甚至胡作非为，于是乎就难免会有所抑制，或有所牵制，这些都在客观上导致了对人才的统一平衡，从而出现了怀才不遇。因此我们要懂得要想决胜职场首先要充分认识到能力和态度平衡的重要性。

所以，想在事业上开创一片天地的女人，必须要懂得由低走高，步步为营。先以较低的姿态取得登堂入室的资格，再稳扎稳打地做出成绩，到时候自然不怕事业没有起色。

不妨在定位的时候，把自己放低一点，抱着平和的心态去看待自己初期的工作，这样才能让人眼前一亮，对你刮目相看。那些把自己困死在高起点上，不肯屈尊降贵的人，结果只能是以失败收场。

张树芬是女孩中少有的博士毕业生，但却因为要求高而迟迟找不到工作。在经过无数次的择业碰壁之后，张树芬终于决定换一种方法找工作。她收起所有的学位证明，自降身份，去找一份工作。结果出乎意料，她很容易地进入了一家电脑公司，做一名最基层的程序录入员。

没过多久，上司就发现张树芬才华出众，竟然能指出程序中的错误。这个时候张树芬把自己的本科学位证书拿出来了。于是上司就给她调换了一个与本科生水平差不多的工作。

又过了一段时间，张树芬在新的岗位上也游刃有余时，她又亮出自己的硕士身份，老板又提升了她。从此以后，老板就开始注意张树芬了，发现她应付现在的工作仍然绰绰有余，于是就再次找她谈话。这时张树芬拿出博士学位证明，并说明了自己这样做的原因，老板这才明白怎么回事，更对她的工作风格赞不绝口。理所当然地，张树芬在这个公司里受到了重用。

你比别人强，还有比你更强的，山外有山，人外有人，在强者如云的队伍里，要想胜出谈何容易！在大家都向高处拥挤的时候，你何不放下身架，降低身份，在低起点上登堂入室呢？

如今，从高等学府走出来的“才女”已经不再是“象牙塔”里的“天之骄子”，她们和其他人一样，肩负着巨大的就业压力，在激烈的就业竞争中，理想的职业固然重要，但在没有更好选择的前提下，暂时屈就也是权宜之计。

决胜职场并非只是努力，重要的应该是能力，可能力以外还有办公的技巧，以下四招式也应该列在你的能力的范畴。

第一式——笑容：脸上的笑容不仅能传递心里的欢愉，更是赠送给其他人的一份美好礼物。因为笑容可以传染。乐观而灿烂的笑容不仅愉悦自己，也快乐着身边的每一个人。

第二式——自信：每天早上起来，梳洗完毕，对着镜子里那个袅袅婷婷的女人大声朗诵：“我的皮肤很健康，我的笑容很可爱，我的生活很美好。”有位心理专家说，这是调节自我情绪的手段之一。

第三式——平衡：工作中若能“平衡”地利用身心各方面的功能，则获益匪浅。“平衡”是多方面的，诸如脑力与体力的平衡；左脑抽象思维与右脑形象思维的平衡；站、坐、走的平衡；用眼与用耳的平衡等。这样能使生理和心理的潜能得以充分发挥，有益身心健康。

第四式——休闲：在对成功的渴求上，许多职业女性并不亚于男性。女性一定要谨记事业上的成功不是一朝一夕的事，一定要合理安排好自己的生活，保证工作和生活张弛有度。要给自己休闲的空间，无论你从事的是什么工作，一定要保证每周至少一天的休闲时间。

女性朋友们只有抱着这样良好的心态，你才能找到自己满意的工作，并能把工作做得有声有色，让人刮目相看。

五、抱残守缺别太求完美

这个世界本来就不是完美的，过去不是，现在不是，将来也不是，它本来就是以缺陷的形式呈现给我们的。人如果事事追求完美，那无疑是自讨苦吃。而对人生，我们应该静下心来，一步一个脚印地去拣你认为是相对完美的树叶。

缺憾有其独特的意义，我们不能杜绝缺憾，但我们可以升华和超越缺憾，并且在缺憾的人生中追求完美。缺憾可以成为我们追求的动力，如果我们能这样看，就不会为种种所谓的人生缺憾而耿耿于怀了。

有了缺憾就会产生追求的目标，有了目标，就如同候鸟有了目的地，即使在飞翔中累得上气不接下气也能够坚持下去。如果事事追求完美，都想拼命做到最好，这往往会使我们自己陷入困境。

女人，总是喜欢标榜时尚，追求完美。并乐此不疲地为之奋斗，前赴后继。然而，人无完人，一个女人纵使拥有倾国倾城的美貌，也还有自己不满意的地方。

为什么男人往往愿意找不如自己的女人，那是因为当你的完美成了对方累赘的时候，对方还会义无反顾地追求你吗。追求完美不是错，只是如果前进的步伐太过沉重，就应该适可而止。

天妒红颜，其实和天没什么关系，只不过是男人不愿自己的光芒被女人盖过的一种说辞。所以女人要幸福，完美不如平实，有点儿缺点，更能够让人觉得亲近。

女人不需要太完美。女人的率真和自然，才是女人最应该保持的东西。在这个前提下，你可以要求自己高分，但绝不能要求满分。

回避现实往往导致对未来的理想化。你可能会觉得，在今后生活中的某一个时刻，由于一个奇迹般的转变，你将万事如意，获得幸福。然而，当那一时刻真的到来时，却往往是十分令人失望的。它永远没有你想象的那么美丽。如果你也像托尔斯泰书中的伊凡·伊里奇那样，回顾自己的一生，你将发现自己很少会因为做了某事而感到遗憾。恰恰相反，正是那些你所没有做的事情才会使你耿耿于怀。

压力如激流，当激流过急过猛时，不如退一步，并不是逃避和退缩，而是为了调整自己，以更好地迎接压力和挑战。

激流勇退就是一种放弃，但激流勇退并不是舍弃如荼的生活主流走远，激流勇退更不是强求不食人间烟火的脱俗。而是呼唤一种率真的生活理念，一种近乎平淡却真挚的人生态度。进和退是一个问题的两面，如果说“逆水行舟”是一种进的艺术，那么“激流勇退”就是一种退的艺术。高明的人往往深谙激流勇退的道理，因其退得及时，故常能立于不败之地。

生活在五彩缤纷、充满诱惑的世界上，每一个心智正常的人，都会有理想、憧憬和追求。否则，他便会胸无大志，自甘平庸，无所建树。然而，历史和现实生活告诉我们：必须学会放弃！放弃是为了更好地拥有。人生是复杂的，有时又很简单，甚至简单到只有取得和放弃。取得往往容易心地坦然，而放弃需要巨大的勇气。

成功者在某一方面肯定有他的独到之处，但很少有面面俱到，十全十美的人。因为，人在发展某一方面的同时，也在放弃着其他的方面。有所得亦有所失，有意识地放弃往往是争取更大成功的前提条件。

如果总想“鱼和熊掌兼得”，结果经常是顾此失彼，甚至什么也得不到。在现实的社会生活中，诱惑实在太多了，拒绝诱惑也是一种放弃。

既然我们知道鱼和熊掌不可兼得，为什么还要苦苦煎熬，渴求全部得到呢？其实，如果我们懂得果断放弃，这种困惑是不难消除的。处在当今令人眼花缭乱的精彩世界中，我们面对的鱼与熊掌之类的选择愈来愈多，因此，放弃便成了我们的必修课。梅花放弃温室，便得到与寒风冷雪傲斗的娇姿；骏马放弃平川大道，便得到驰骋高原的洒脱豪逸；而我们放弃"宝马""雪佛兰"，也会得到攀登崎岖、探寻坎坷的无畏，得到云烟飞渡、峭壁险峰的迷人风光。

激流勇退，未必就是怯懦无能的表现，有时恰恰是心灵高度的跨越，是睿智思索的抉择。学会激流勇退，不是看破红尘，与世无争，而是淡泊明志、宁静致远。学会激流勇退，不是不食人间烟火、清高自负，而是为人有道，胸怀达观；学会激流勇退，不是摒弃人格、放弃原则，而是坚持真理、一往无前；激流勇退而后取，这是人生的一种智慧、一种哲理、一种艺术。

花开花落，月缺月圆亦是循环；潮起潮落，日升日落也是自然。如何顺应自然？在现实的社会生活里，如何让自己活在自然里？那要看每个人自己的顺应心态，一岁一枯荣，生与死本是同时存在的，对我们是相对在不同的空间存在着。

女性朋友应该善于发现完美，而不是一味追求心中缥缈的完美，无论对人对己还是对事，都要努力的发现其闪光点。看到花开，去为那娇艳的颜色而欢喜，听到鸟鸣，为那动听的声音而触动，这样，生活中便处处充满着真实而又朴素的完美。

人生就是充满缺陷的旅程。从哲学的意义上讲，人类永远不满足自己的思维、自己的生存环境、自己的生活水准，这就决定了人类不断创造、追求。没有缺陷就意味着圆满，绝对的圆满便意味着没有希望，没有追求，便意味着停滞。人生圆满，人生便停止了追求的脚步。

生活也不可能完美无缺，也正因为有了残缺，我们才有梦，有希望。当我们为梦想和希望而付出努力时，我们就已经拥有了一个完整的自我。

六、接受现实，知性女人少抱怨

经常遭受挫折、打击和失败的女人，常常习惯于责备社会、制度、人生，抱怨运气不好。对于别人的成功与幸福，总是愤愤不平。因为她认为，这些都足以说明生活使她受到不公平的待遇。

愤愤不平是企图用所谓不公正、不公平的现象来为自己的失败辩护，使自己感到好过一些。可实际上，作为对失败者的安慰、怨恨是不起任何作用的。怨恨是精神的烈性毒药，它使快乐不能产生，并且使成功的力量逐渐消耗殆尽，最后形成恶性循环，自己并没有多大本领而又非常怨恨别人的人，几乎不可能和同事相处得好。对于由此而来的同事对她的不够尊重或者领导对她工作不当的指责，都会使她加倍地感到愤愤不平。

心怀怨恨的人，是想在人生的天平上证明她的砝码，如果她有怨恨之感就证明生活对她不公平，而有一些神奇的力量将会澄清那些使她产生怨恨的事情，使她得到补偿。从这个意义上来说，怨恨是对己发生之事的一种心理反抗或排斥。

怨恨的结果是塑造恶劣的自我形象。就算怨恨是真正的不公正与错误，它也不是解决问题的好方法，因为它很快就会转变成一种习惯情绪。一个人习惯于觉得自己是不公平的受害者时，就会定位于受害者的角色上，并可能随时寻找外在借口，即使对最无心的话在最不确定的情况中，他也能很轻易地看到不公平的证据。

习惯性的怨恨一定会带来自怜，而自怜又是最坏的情绪习惯。这个习惯已根深蒂固，如果离开了这个习惯，就会觉得不对劲、不自然，而必须开始去寻找新的不公正的证据。有人说这类人只有在苦恼中才会感到适应，这种怨恨和自怜的情绪习惯，会把自己想象成一个不快乐的可怜虫或者牺牲者。

产生怨恨的真正原因是自己的情绪反应。因此，只有自己才有力量克服它，如果你能理解并且深信：怨恨与自怜不是使人成功与幸福的方法，你便可以控制住这种习惯。

常怀怨恨的人，实际上她是生活上的弱者，怨恨的人把自己的命运交给别人，把自己的感受和行动交给别人支配，她像乞丐一样依赖别人。若是有人给她快乐，她会觉得怨恨，因为对方不是照她希望的方式给的；若是有人永远感激她，而且这种感激是出于欣赏她或承认她的价值，她还会觉得怨恨，因为别人欠她的这些感激的债并没有完全偿还；若是生活不如意，她更会觉得怨恨，因为她觉得生活欠她的太多。

对于生活中那些习惯抱怨的人，人们常会对她避而远之；在工作中也很少有人会因为坏脾气以及抱怨、嘲弄等消极负面的情绪而获得奖励和晋升。

其实，面对困境，抱怨是无济于事的，抱怨显得如此的苍白无力，只有通过努力才能改善处境。许多成功的人往往就是在克服困难的过程中，形成了高尚的品格。相反，那些常常抱怨的人，终其一生，也无法产生真正的勇气、坚毅的性格，自然也就无法取得一定的成就。

一个受过良好教育、才华横溢的年轻人曾经抱怨自己在公司长期得不到提升，其间流露出对老板不满。但是一旦产生这种心理，她也就根本无法主动地做事了。

也许有些人的确因为承受了巨大的压力，或者来自公司极不公正的待遇，但是这些都不能成为无休止抱怨的理由。

人在遭遇不公正待遇时，通常会产生种种抱怨情绪，甚至会采取一些消极对抗的行动，这是一种正常的心理反应。但是，如果我们从另外一个角度，用一种豁达大度的心态来对待它，就会将这种不公正当成对成功者的一种考验。容忍和以德报怨是成熟的一种标志。抱怨毫无意义，至多不过是暂时地发泄，结果什么也得不到，甚至会失去更多的东西。

许多公司管理者对下属职工的耿耿于怀的抱怨都感到十分困扰，一位老板曾经这样对我说："许多职员总是在想着自己'要什么'；抱怨公司没有给自己什么，却没有认真反思自己所做的努力和付出够不够。"对于管理者来说，牢骚和抱怨最致命的危害是滋生是非，影响公司的凝聚力，造成机构内部彼此猜疑，分散团队士气。但是，至今依然无法找到一种良药彻底根治这种疾病。

作为公司的一员，轻视、诽谤甚至伤害所在单位，就等于伤害你自己。与其毫无意义地抱怨和唠叨，不如去寻找那些值得欣赏的东西，赞美它、支持它、拥护它、理解它，你会发现结果将大不相同。

嘲弄和抱怨是庸懒、懦弱无能的最好诠释，它像幽灵一样到处游荡使人不安。如果无法释放自己的压抑和烦恼，你不妨到海边去！在沙滩上将自己的愤怒和不满写出来。让潮水将他们一同卷走，永远抹去。

七、虚荣要适度

爱慕虚荣，就是凡事都喜欢与周围的人去比，有时甚至争着去炫耀自己，卖弄自己出众的地方以求满足自己高人一等的愿望。虚荣心人人都有，尤其是对于女人来说更为严重一点。实际上，虚荣心对个人的成长和今后的生活是没有好处的，过度的虚荣心只会给自己带来痛苦。

过分的爱慕虚荣则会导致失去平常心，追逐名与利，进而发展到一种自己承受能力之外的境界。莎士比亚曾经说过，爱慕虚荣的人，是用一件富丽的外衣遮掩着一件丑陋的内衣。这样的描述在当时看来却是再恰当不过了。

俗话说："人比人，气死人！"聪明的女人在某些方面要懂得知足，而不是一味地羡慕他人。很多时候，女人看到的只是表面现象，就如很多成功者都有说不出的苦衷一样，人人都有一本难念的经。

有些女人看到别人的生活过得好，羡慕之情溢于言表，甚至会感到嫉妒。在心态失衡时，越是感觉别人的生活好，就越是给自己造成迷茫和不安，甚至让自己痛苦和悲伤。

每个人的生活质量是不同的，这是一种必然，那些不去羡慕别人生活的女人，日子会过得悠然、平静、从容。

在生活中，很多女人看到自家的孩子不争气，自己的老公赚钱少时，都会拿别人的家庭来比较。她原本只想发泄下心中的苦闷，督促家人积极上进，但没有料到的是，不中听的言语不仅伤害了自己的亲人，更使幸福的感觉降低很多。

董菁有一个上初中的儿子，孩子虽然很聪明，但像许多男孩一样：贪玩、不刻苦，学习成绩也一直不上不下的。董菁就不停地拿自己的儿子和朋友家、同事家的孩子作比较。每天，董菁都会指责儿子："你看王阿姨家的小虎，这次考试又得了第一，你看看你，怎么就这么笨啊！"要么就是："你看看田阿姨家的妙妙，多会做家务啊，每次自己的衣服自己洗，还会帮家人洗，你看看你，什么时候洗过自己的衣服，什么时候干过家务啊！"要么就是："看看对面的谆谆，人家为什么周末就能老实待在家里，你怎么成天都不知道跑哪去了啊！"

董菁每次听说别人的孩子又怎么好了，她就会回家把自己的孩子数落一遍。开始的时候，孩子还忍着，后来长大了，听得多了，年龄也大了，就常常和董菁争执："你看谁好你要谁去啊！干吗当初生我！"经常还破门而出，留下在屋里气急败坏的董菁。

董菁不仅跟别人比孩子，也比爱人。她也经常数落老公："你看××人家又升官了，你怎么还是个小小的主任啊！"要么就是："你看××人家又买新车了，人家男人多有本事啊，哪像咱家现在还没车呢！"要么就是："你看××又给老婆买了件呢大衣，你怎么就没给我买过那么多东西啊！'，

董菁不停地在自己的老公面前夸别人的老公，有时老公受不了了就会跟她吵："你看他们好，你去找他们啊，你还跟着我干吗啊！""你以为我愿意啊！我真是瞎了眼嫁给了你！""你走，你走啊！"……无休无止的争吵常常充斥在这个家庭中。后来，董菁的老公都没心思跟她吵了，接着就常常不回家了……

可以说，孩子的"反目"，老公的"有家不归"，归根结底就是由董菁的攀比引起的。当自己的家庭和事业都稳定了，女人就会有更多的空闲时间。

董菁就利用这空闲时间进行"比较"，进行无休止的攀比，而忽视了对家人应有的呵护，最后导致了孩子和老公都离她越来越远。

其实，董菁本来可以很幸福的：孩子那么聪明，只要进行正确的教导，就可以使他的学习成绩慢慢赶上去的；老公已经是主任了，男人40岁正好是事业最容易上升的时候，只要宽容地鼓励他，关心他，也可以使他更好的发展事业。可惜的是，董菁的无限攀比，把幸福断送在自己的手上。

与董菁的心理相反，江小双却总是在生活方面容易满足，结果她过得也很惬意。

江小双是一个幸福的女人，她经常对家人说："要相信咱们家是最好的，不要老跟别人比，不要老去羡慕别人，朝着自己的目标不断奋斗就行了。"

江小双家生活在一个贫困的地方，虽然她从小没有受过什么教育，

但是经历了风风雨雨这么多年，对生活有良好的心态。她经常会开开心心，因为她不去羡慕别人，她觉得自己的孩子是最聪明的，自己的老公是最勤劳的。

每次当孩子考不好的时候，她不是又打又骂，而是进行细心地劝导："没关系，一次考不好了不说明什么问题，谁都有失误的时候，妈妈相信你是最聪明的!"有时她也会教育孩子："你不是特想长大吗，长大的一个标志就是自立，所以，你也要自己做些家务，锻炼一下自己。"

孩子很吃这一套，不管在学习上还是生活上，他的成绩都是遥遥领先。他也一直很爱自己的妈妈，把自己的妈妈当成自己的朋友一样，越来越亲近。

她也是用一颗爱人的心宽容温柔地对待老公。老公在外面工作累了，遇到烦心事了，都会很想回到家中，因为在家中，江小双能够给他安慰，给他鼓励。江小双也从来不拿他跟别人家的老公相比较，她只会鼓励他，让他量力而为，而不会给他很大的压力和很苛刻的指责。江小双的老公很感激她，在自己的能力范围内不断地进步，逐渐在当地做得很出色了。

江小双一家的幸福，可以说归功于她的善解人意，归功于她的宽容大度，归功于她的劝导有方，但是更重要的是在于她的"自家最好"的心态。她不去羡慕别人，更不去攀比什么。

女人不去理会过别人的生活是怎样的优越，才能做好自己的事，才不会因为与别人的生活差距而让我们陷入不幸的烦恼。陷入与别人比较之中的女人，总会感觉不安，让心情激荡不已。她们常因为别人的生活和别人的模式，让自己恐慌和失望。

女范儿点睛

"你站在桥上看风景，看风景的人在楼上看你"这句话的意思是，别人在羡慕你，风来疏竹，风过而竹不留声。不论是职场还是在家里要驾驭好心情，过好自己的日子才是真的。

第7章

直面竞争　修炼智慧女人

1. 幸福来自你认识到生活的不完美
2. 人生不是得到，就是学到
3. 职业选择如同择偶，要以兴趣为重
4. 留一份寂寞给生命，独处也是一种情调
5. 成不以为成，败不以为败
6. 胸有尺度，做个外圆内方的女人
7. 对镜梳妆，留一双眼睛看自己
8. 岁月无痕，衰老的只是容颜

一、幸福来自你认识到生活的不完美

每个女人都有自己的欲望，都想过美满幸福的生活，都想衣食无忧，这是人之常情。但是，如果把这种欲望变成痛苦的欲求，无法满足的贪婪，那她就无形中成了欲望的奴隶。在欲望的驱使下，女人不得不为了权力、地位、虚荣的面子而绞尽脑汁，想方设法去做一些常人难以想象的事情。女人之所以活得累，有时与自己不满足有关，因为在她看来，很多人比自己的生活更富足，很多人的权力比自己大，很多人用的化妆品比自己的好。所以她别无出路，只能硬着头皮往前冲，在无奈中透支着体力、精力与生命。其实这一切都是女人浮躁的表现。因为不自信，她们不知道什么才是自己真正想要的，所以见人家有而自己没有的就会千方百计去获得，最后把自己搞得筋疲力尽不说，甚至有可能得不偿失。

一个女人只要能认识到生活的不完美，突破自己的心理局限，用积极乐观的心态对待生活的不如意，那她一定能做一个幸福的女人。香港女主播曾子墨就是这样的女人：

主播的优雅大气与明星的奢华性感、白领的奔放干练与嫁为人妇的雍容典雅，甚至邻家女孩的稚嫩可爱与对孩子关怀备至的母爱，都可以在曾子墨身上同时闪耀，以智慧为基底，她向人们展示着人性的魅力。

从小品学兼优的曾子墨以托福660分的高分被“常青藤盟”达特茅斯学院录取，毕业后立刻进入美国华尔街的摩根斯坦利从事投资银行，在担任分析员两年中的出色表现使曾子墨成为该公司的最耀眼的明星员工，并参与完成了历史上最大规模的并购交易。2000年，毫无新闻采访经验的她回到香港，加入凤凰卫视资讯台担任财经节目主播，发挥其专业优势，判断透析全球经济形势及第一手金融行情。

曾子墨以一身利落的风衣、精致的礼服出现在大家面前，成名已久的光环完全没有在她身上留下任何岁月的痕迹。反而在举手投足间的优雅与谈吐中的智慧之外，更流露出心系社会的责任感。

在曾子墨的眼中，她对幸福的理解却有着与众不同的看法。

以下是曾子墨个人对幸福的理解：

“我觉得幸福的话题比较大众化但也比较感性，比如说我看到孩子特别开心的笑脸，我就觉得幸福。你要说一个公式化的概念，我却很难一下定义出来。其实如果说幸福本身的话，我第一反应就会说幸福是看到孩子的笑脸，当然我现在生活的状态也很幸福。至于我的梦想？我希望能有更多自由支配的时间，这些时间可以用来做好多好多的事情，比如去自己没去过的地方，伴随孩子成长，做自己没做过的事情，等等。

而且当你知道世界的不完美之后，你会慢慢体会到自己已经拥有了多少，并且学着珍惜它们。我们采访过很多弱势群体，你看到他们的生活，你才知道其实我们拥有很多了。他们那些人经历着不幸的命运，这时你会觉得自己特别幸运，所以我们应该很感激生活带给我们的这一切。不过我承认这样的体会，确实是得随着年龄增长才会有的真切体验。

就是说与其你有特别强烈的欲望，或者眼睛盯着自己没有的那些东西，不如你回过头来看看你自己有什么，并且好好珍惜你有的东西。有的时候忽视身边所拥有的东西，一味想着没有拥有的东西，会让你的幸福感降低。”

曾子墨还认为：“没有任何一种工作或者生活是十全十美的。小的时候也许不会这么觉得，但是长大了以后你要学会接受别人，接受别的事物不完美或者有缺点的那一部分，只有接受它，不然你会觉得这个不是我想要的，那个也不是我想要的，没有东西能够满足你了。其实没有事物能够完美无缺，没有任何一种工作，或者任何一个人是完美的。能意识到这一点，心态平和了之后，你才知道其实它已经是你最想要的，没有比它更好的了。”

随着年龄的增长，人的欲望会变得越来越小。但这要有一个“必需品”的界限设定，每个人都有可能为自己设置一个必需值，男人也好，女人也好，都是必须的。所以当一个人达不到必需值的时候，对物质所抱持的崇尚精神是可以理解的。

简单来说，如果一个人真的缺乏物质，一分钱都没有，就不可能活得很快乐、很幸福。物质基础的确是精神快乐的前提，至少每个人有那么一条低保的线，当你达到一定的必需值以后，你再往上走时，你确实就很容易抛开金钱和物质的束缚去追求一些简单的美好的东西，也会对幸福有更深刻的认识。

二、人生不是得到，就是学到

“人生不是得到，就是学到”我喜欢这句话，很健康的人生观。

你不是得到一份圆满的姻缘，就是学到怎样更靠近幸福；你不是得到胜利，就是学到如何避免失败；你不是得到最终自己想要的结果，就是学到世事总不会尽如人意。

个人进取心，是你实现目标不可缺少的要素，它会使你进步，使你受到注意而且会给你带来机会。

当你的人生处于低谷的时候，你就要学会自己改变自己，你就要学会自己拯救自己。因此，你一定要有这样一个习惯：不断用新目标来刺激自己的进取心。凡成大事者都时刻保持这样一个良好习惯。你想成大事，又不想保持这样的习惯，恐怕只是笑话！

心理学家研究表明，每个人身上都蕴藏着巨大的潜能，70% 以上的潜能都没有挖掘出来。从生理学角度讲，人的身体潜能存在一个限度；但是从心理学角度讲，人的心理潜能却是巨大的，是一般人所无法想象的。

首先，人的脑力活动是个伟大的奇迹。人的大脑由 1 万亿个细胞组成，具有极大的储存量。人脑不同于机器使用久了会有磨损，人脑反而是越用越好用，就像有人学外语，一旦掌握了一两门外语，再学第三门外语就会容易许多。

其次，人的潜能另一种表现是精神力量。人们在选择控制自己的情感和与人交流思想感情方面也有巨大的潜能可以开发利用。这种潜能可以从人们对自主神经系统的新的理解中显示出来。因为人的言谈举止、交际水平和心律、血压、消化器官以及脑电波都可以受到精神力量的控制和影响，比如有的人不幸患了不治之症，眼看就要走上天堂之路了，但只要心态积极、精神振作，决心与病魔作斗争，专注于与自己信念和价值观符合的事，最后竟创造出奇迹。正因为这类事例世界各国都有，并有案可查，科学家们正在预言：终有一天，我们会发现人体有能力使自身再生。这不是指医学手段的新发展，在人体内更换各种零件的技术，而是精神力量所致。

美国著名心理学家和教育学家霍华德·加德纳认为，人类至少潜在着7种不同的能力，即语言智能、数理逻辑智能、空间智能、音乐智能、体态智能、内省智能、人际智能。从先天的角度来说，人的这些潜能是没有多大差别的，但后天的差异却大相径庭，其中一个原因就是影响创造潜能发挥的情商不同。

研究表明，情绪能影响认知操作的效果，情绪的波动可以帮助人们思考未来，考虑各种可能的结果；可以帮助人们打破定式，或受到某种原型的启发；可以使人们创造性的解决问题。特别是在茫然的情绪出现时，不仅可以打断正在发生的认知活动，而且可以利用这种情绪来审视和调整内部或外部的要求，重新分配相应的注意资源，把注意力集中于情境中最重要的刺激，有利于抓住问题的关键而解决问题。可见，情绪是一个动机系统，它具有动力作用，能激发人的创造潜能来解决复杂的问题。

在我们每个人的生命中，都会面临许多害怕做不到的时刻，因而画地自限，使无限的潜能只化为有限的成就。

成功者总是重复着一个信念：我想我能，我想我能！因此他们的潜能往往能够发挥出来，并最终创造生活的奇迹。

人们常常在自己生活的周围画上界线，要么他们就生活在别人强加给他们的局限里。这些局限通常是家人朋友强加的，有些是自己强加的。他们同兄弟姐妹一起得到扶养，他们头脑中可能已经留下哥哥或姐姐的阴影，他们穿的是现成的旧衣。也许他们的父母动不动就开口骂人，或者漠不关心，或者一生忙碌，无暇给予他们每个孩子所需要的慈爱、关心和鼓励。结果，他们缺乏自信心，难以表达自己，也难以发挥自己的潜能。

我们中有很多人给自己套上限制，我们在一生中不会超过父母，我们反应迟钝，我们缺乏别人拥有的潜能和精力。那么无疑我们就承认我们实现不了一些目标。

你可能一直认为你现在的一切都是命中注定的，现实的一切不可超越，不管你持有此观点的时间多长，你都是错的。你可以通过改变自己的态度和习惯来改进自己的生活。我们中的许多人应更为成功，但我们在生活中失去很多，因为我们会安于现状，这比我们能取得的一切少得多。

但是，首先必须意识到这一点，你必须见那个可能的你。

人的潜能犹如一座待开发的金矿，蕴藏无穷，价值无比，而我们每一个人都有一座潜能金矿。

12 岁的牧羊女贞德就相信自己能够率领法国军队抵抗英国。她的信念如此强烈，17 岁时她到查理王子面前说明她的信念，查理王子被她说服了，给了她一套盔甲和一支军队。贞德领导法军打败了向来未尝败绩的英军。

对潜能的强烈信念是世上最强的力量之一，不论情况多恶劣，障碍多难克服，你的信念都会告诉你，其中必有解决之道。你的盔甲可能是听诊器、打字机或是麦克风；你的宝剑可能是耐心、不自私或者永不懈怠的态度。

成功是由一群平凡的人以不平凡的决心达到的，但这并不简单，有价值的成就通常都不容易取得。一位心理学家说，多数情绪低落，不能适应环境者，皆因对自己缺乏信心，没有对潜能产生强烈信念。只有那些智慧的人，才会有无比强烈的信念，并最终走上人生的巅峰。

别让外在力量影响你的行动，虽然你必须对他人的惊讶和你面对的竞争做出反应，但你必须每天以你的既定计划为基础向前迈进。用你对成大事的想象来滋养你的强烈的欲望，让你的欲望热情地燃烧，随时提醒你不可在应该起而行动时，仍然坐等机会，坐以待毙。当你遭遇暂时挫折时，要不断激发自己的进取心，以便鼓起勇气，重新出发。

三、职业选择如同择偶，要以兴趣为重

人的生命只有一次，你必须在有限的时间里找到自己的人生坐标点。对于刚毕业的大学毕业生也是如此，虽然你现在年轻，但你要意识到时间过得很快，来不得半点粗心大意。你只有先找到那个点，然后你才能去开拓那个“点”并建立自己的事业。

从华尔街投资顾问到凤凰卫视主持人，曾子墨的这一举动是很明智的，她认为主持工作是一份更适合自己的兴趣和让自己快乐的工作。曾子墨认为选择一个职业，有的时候就像生活中遇到和选择谁成为自己的伴侣一样，人一生的伴侣也许只有一个，也许经历过一些波折，比较好的是能够在合适的时间、地方、心境下去遇到那一个人或者那一份职业，从而能够让自己长久和这个职业相伴走下去。主持工作最大的乐趣就在于每天接触不同的人，听他们讲不同的故事，不同的理论，不同的道理。这一点是最吸引人的。

我们很少会去考虑这些看上去似乎很简单的问题，甚至连冷静地去为自己制订一个明确的目标都不能。我们常常等待，期望别人为我们去做这开创性的工作。

如果现在有一个能彻底改变你命运的机会摆在你面前，你会把握住它吗？还是心里有些害怕？

在你的一生中，任何事情，即使你做得不够好，你也应该竭尽全力去做。而如果你却要等到尽善尽美时才去做，这样一延误，你就有可能与成功失之交臂。

在自我实现的过程中，我们常常会发现如何去寻找我们为之奋斗终生的事业常常成为令我们困惑的事情。的确，我们一生的希望，都寄托在它的身上，我们要充分运用我们全部的知识和能量，为将来制订好计划，才可能实现人生目标。具体的办法包括：

1. 分析自己的长处和短处；
2. 列出自己最强项；
3. 列出自己最骄人的品质；
4. 列出自己最主要的收入来源；
5. 弄清自己对收入变化的承受能力有多大；
6. 列出自己重要的生活上的改变；
7. 列出自己一直想做而未做的事情。

通过日常的观察发现，人十之八九对自己生活的方向并不明确。他们终日无所事事，打发时光，甚至根本意识不到终极目标之于人生的重要。对于自己适合做什么，希望有什么，他们也全无意识。他们一生是在无谓地耗散能量，没有方向，没有用以汇聚自己力量的目标。

只有终极的目标才能激发我们的激情和活力，才能带给我们长久的幸福与安宁，而且，在带给我们这一切的同时，也有益于别人，也使别人改善了他们的生活，这就是我们的终极目标。

一个人应该充分积蓄能量，并将它投入到最适合自己的地方。如果你只有一种才能，你更应该淋漓尽致地发挥这项唯一的才能，而不要与那些有多种才能的人进行全方位的竞争。

一个周末的下午，一个小男孩在他的玩具沙箱里玩耍。沙箱里有他的一些玩具小汽车、敞篷货车、塑料水桶和一把亮闪闪的塑料铲子。在松软的沙堆上修筑公路和隧道时，他在沙箱的中部发现一块巨大的岩石。

小家伙开始挖掘岩石周围的沙子，企图把它从泥沙中弄出去。他是个很小的小男孩，而岩石却相当巨大。手脚并用，似乎没有费太大的力气，岩石便被他连推带滚地弄到了沙箱的边缘。不过，这时他才发现，他无法把岩石向上滚动、翻过沙箱。

小男孩下定决心，手推、肩扛、左摇右晃，一次又一次地向岩石发起冲击，可是，每当他刚刚觉得取得了一些进展的时候，岩石便滑脱了，重新掉进沙箱。

小男孩急得满头大汗，使出吃奶的力气猛推猛扛。但是，他得到的唯一回报便是岩石再次滚落回来，砸伤了他的手指。

最后，他伤心地哭了起来。这整个过程，男孩的父亲从起居室的窗户里看得一清二楚。当泪珠滚过孩子的脸庞时，父亲来到了孩子跟前。

父亲的话温和而坚定：“儿子，你为什么不用上所有的力量呢?”

垂头丧气的小男孩抽泣道：“爸爸，我已经尽力了！我用尽了我所有的力量!”

“不对，儿子，”父亲亲切地纠正道，“你并没有用尽你所有的力量。你没有请求我的帮助。”

这时，另外一个人走过来说：“孩子，要做自己力所能及的事，请发挥自己的长项吧!”

每个人都有属于他自己的工作。在金融巨头摩根和钢铁大王卡内基看上去很简单的事情，对你来说也许就根本无法完成。但你也许可以做到摩根不能做到的事情。因此，要紧的是，你应认真分析一下自己适合做什么，恰当地估计自己成功的可能性，这有助于你今后的发展。

权衡自己的能力，知道自己到底能做些什么，避免制订过高的目标，对于我们来说是非常重要的。无论你从事什么行业，无论你拥有什么样的技能，你都应该力争在该领域处于优势位置，而不应强求着自己去做自己不擅长的事。

一个人成年之后，要做出一生中最重要的一个决定。这个决定将改变自己的一生，影响自己的幸福、收入和健康，这个决定可能造就自己，也可能毁灭自己。这个重大决定是你将如何谋生？也就是说，你准备干什么，是做一名农夫、邮差、化学家、森林管理员、速记员、兽医、大学教授，还是去做一个小商贩？

对数学有着“不可思议的天赋”的洛克菲勒，“最感兴趣的是算术”，他知道自己该干什么。轮胎制造商古里奇公司的董事长大卫·古里奇在问到他成功的第一要件是什么时，他回答：“喜欢自己的工作。如果你喜欢自己所从事的工作，你工作的时间也许很长，但却丝毫不觉得是在工作，反倒是游戏。

四、留一份寂寞给生命，独处也是一种情调

哲学家尼采说：孤独是美的，因为它纯净生活。雕塑家罗丹的说法有一点点不同，他说：艺术是孤独的产物，因为孤独比快乐更丰富人的情感。而我，更喜欢鲁迅说的那句话：当我沉默着的时候，我觉得很充实；我开口说话，就感到了空虚。

三位大师的睿智，源自他们对生命的理解，也写尽了他们孤独、曲折的人生，可谓精辟之言。而我暗自思忖的是：孤独，这种人类最常有、最本质的情感，是否真的有益于完善人的内心？是否真正为智者所拥有？

我只知道孤独的深处往往掩藏着世事的美好：高山的峰巅是孤独的；大海的深处是孤独的；高远的蓝天是孤独的；草原上唱歌的牧羊人是孤独的；排着“人”形的雁阵迁徙时的翔姿是孤独的……但，那恰

恰牵引着我们美好的向往。

独处的机会，是微乎其微的机会。生活在喧闹的都市中，找一个独处的日子，有一个放松的、怡然自得的心情。偶然间在这种似乎超然于世的日子里，一个人，无拘无束地放飞自己，做自己喜欢的事，没有任何的约束，多么令人渴望！

独处，是我们内心深处的一处心灵空间。在适当的时候、适当的地点、适当的心境之下，那是我们人生中一道最亮丽的风景。淡定的女人总能找到和享受这样的亮丽风景。

独处是对心灵进行净化，屏蔽掉所有外界的干扰，将自己一个人置于相应的空间里，思绪中天马行空，做一些自己明知不可为却为之的事情，释放久久难以释怀的心情。

对于我们每一个人而言，平时处在一大群人当中，其实只是一个分子，人群往往忽略我们，就像机械生产流水线中的一颗螺钉掉了，流水线依旧运行，自己内心当中的自我感很容易消失；如果自己在身边相对较小的群体中，大家就能够常常注意到自己，我们内心当中的自我感就会显著地增强；可在我们能够完全独处的时候，这只是一个人的世界，我可以直接面对上帝，仿佛自己就是大地的主人。

智慧的女人会在自我感觉渐渐消失的时候，及时给自己找些时间独处，使自己内心的心理空间得到平衡。

智慧的女人认为学会独处，是享受人生、创造乐趣的生存哲学。的确，独处对我们每一个人来说是一个美妙的世界，但不要长时间生活在独处中，否则心理也会失衡。那时伴随的将是孤独、失落、压抑，因为缺乏交流的对象，我们的内心中就会出现一种真空状态，产生孤独和失落感。独处，享受孤独，但也要珍惜友谊、珍惜交流。不要刻意地逃避与人交流，那样就会被动地承受孤独和失落，把独处变为痛苦。智慧的女人告诉我们，学会独处，学会享受孤独，同时也要学会享受交流和友谊。

智慧的女人会用自己所钟爱的音乐，配合自己所做的事情。静静地坐起，随意梳理丝丝长发，提醒自己不再活泼、年轻、俏丽；宽慰自己变得端庄大方、温文清雅；感慨岁月的风雨洗礼，清醒地触摸远去的年轻，丢掉天真，操起娴熟！

智慧的女人在独处中品尝自己。细想是什么致使自己总是与安逸舒适擦肩而过，感受少许的失落，却始终坚信自己走过的每一步！因为她们在不知不觉中“储蓄”了各种各样的人生，她们演绎着自己丰富的人生。智慧的女人在独处中辨清是非、理解世故、品读人生！

智慧的女人在独处中欣赏自己。虽然女人最怕容颜的衰老，因为女人都是爱美的，幻想自己靓丽的容颜永驻。智慧的女人告诉自己，时间从每个人的身边悄悄走过，这是亘古不变的真理。智慧的女人保持着心境豁达，在岁月的舞步里，领悟欣赏自己，虽感叹青春的远去，但也庆幸岁月恩赐的成熟与娴雅，感叹不同年龄的女人，拥有不同的不可抵挡的魅力！笑弃“韶华不为吾留”。

智慧的女人在自己独处的空间里，放飞自己的心灵，触摸随之而来的静美、清灵、温馨。体验贫穷里的富有，寂寞里的温柔。

随想漫步水边，伫立在无声中，抚摸着清灵。沉浸在遐想中，此时的自己才是最真实的。让天边的云卷云舒，带动自己飘飞的思绪。此时，智慧的女人说：我拥有了整个世界。

智慧的女人在香茗氤氲的缭绕中捕捉书中的文字，体会关于生活情感的文字。独处用一支空灵的竹箫，演奏着轻柔的曲调，她们与书中的人物一起静静地流泪，释放着久蓄于心的秘密。

智慧的女人在独处中弹奏温柔的小夜曲，静静地在独处的氛围里，默默地用音乐诠释浪漫。

智慧的女人在独处中背上简单的行囊，奔向向往已久的地方，准备用一个人的旅程憧憬天马行空，自在逍遥，寻回久违的天真与顽皮。此时，智慧的女人说：独处的时光，就是美好的时刻！

智慧的女人在独处中找到这份难得的静谧，在心灵小憩的时候，对自己诠释，对自己解剖，鼓励自己，做回自己……此时，智慧的女人说：这里有美丽的真实！这里有真实的美丽！

对智慧的女人而言，独处是一种情调，一种享受。

五、成不以为成，败不以为败

女人的智慧是在历练中形成的，香港作家梁凤仪的传奇经历就是一例。面对火热的职场竞争，在十几年的商海中她以积极的人生态度与广博的胸怀，把自己锤炼成可以从容应对各种磨难的商人。尽管时光流逝、岁月磨蚀，但是那个在我们青春年少时勾画梦想的女作家却留在了记忆深处。

她才思敏捷，任由意念在文字中跃动，意念动处，文随之舞。

商场沉浮，成与败，总是交替出现，没人能操控坎坷与机缘的轮回。而她，始终保持敏锐和警觉，从未曾松懈。看得见的名利背后，是看不见的淡定、达观和永不言弃。她用勤奋和智慧铸就了梁凤仪传奇。

梁凤仪对于人生的挑战和成败是这样看的："我常常说胜的时候我们要记住不会有常胜将军，败的时候则会想谁没有下台的时候，而且下台不代表我不会再上台，不需要气馁。所以我不会认为什么事情对我来说是艰难的挑战，做任何一件事情不是成功就是失败，成不以为成，败不以为败，是我的原则。"

她还认为，很多人不愿意承认自己的缺点，这就等于你最重要的一部分你不能面对，但每个人一定有缺点的，人无完人，这个是肯定的。但是我不认为有一些缺点一定要克服，而是在你自己熟知自己的缺点后，努力往别的方向发展，这样才是成功的基础。

一切外在的磨难，都会在心灵交汇，你的盾牌不是外人的帮助与同情，而是心理承受能力。一帆风顺不会使我们的心灵成长，苦难可以让我们的心灵得到锻炼和升华。遇到苦难时，沉静下来后，从反面想一想，也许你会得到许多宽慰和释怀。

想一想张海迪，全身三分之二没有知觉，但她不断地进行"生命的追问"，针灸、写作、翻译……一个正常人都无法取得那样的成绩，张海迪不愧是青年的楷模，这种坚强，最终让她成长为中国残联主席。

我们身心遭受的苦难，能比他们严重吗？

苦难再大，都属于我们自己，不承受也得承受。承受它才能打垮它；不承受就会被它打垮！

坚强的女人要记住这样的一句话："重要的不是发生了什么，而是我们做了什么"。

挫折就是阶梯，苦难就是机遇，就是成功的开始。这个世界上确有不少被埋没的人，但是，对于一个优秀的人来讲，即使他处在逆境之下，也可以取得某种程度的成功。不管遭遇多大的困难，她们绝不会沮丧，纵使遭受再大的挫折，也能重新站起，勇往直前。

世上的女人有千千万万，幸福也就有千万种。但那种不是通过自身奋斗、轻易得来的幸福是经不起岁月炙烤的。因为没有坚强做支撑，幸福是不会长久的。

六、胸有尺度，做个外圆内方的女人

无论在职场还是在社交圈里，要想做到人之佼佼就要搞好人际关系，家里家外她是范儿就要懂得方圆之道。方圆之道是为人处世的办法，就是做人要方，做事要圆。

任何时代的社会都可以说是人际关系社会，一个人要想成功，就离不开和谐的人际关系。决定女人成败的重要因素也是人际关系。虽然人的心理很难用法则来规范统一，但是人的心理是有许多共通之处的，因此，为人处世也要掌握一定的手段。能够洞悉人情世故奥妙的女人，便是在世上最聪明的女人。

我们不妨读一读《红楼梦》，看一看那位最会办事、又能左右逢源、八面玲珑的王熙凤。一天，邢夫人把凤姐找来，悄悄向王熙凤道："叫你来不为别的，老爷因看上了老太太屋里的鸳鸯，要她在房里，叫我和老太太讨去。我怕老太太不给，你可有法子办这件事么?"王熙凤听了，忙赔笑道："依我说，最好别去碰这个钉子。老太太离了鸳鸯，饭也吃不下去，哪里就舍得了？太太别恼，我是不敢去的。明放着不中用，而且反招出没意思来。老爷如今上了年纪，行事不免有点儿偏执，太太劝劝才是。"邢夫人冷笑道："大家子三房四妾的也多，偏咱们就使不得？我劝了也未必依。就是老太太爱的丫头，这么胡子苍白了又做了官的一个大儿子，要了做屋里人，也未必好驳回的。我叫了你来，不过商议商议，你先派了一篇的不是。也有叫你去的理？自然是我说去。你倒说我不劝，你还是不知老爷那性子的，劝不成，先和我闹起来了。"

王熙凤知道邢夫人禀性愚弱，只知奉承贾赦以自保，次则婪取财货为自得，家下一应大小事务，俱由贾赦摆布。儿女奴仆，一人不靠，一言不听。如今又听邢夫人如此的话，便知她又要小性子，劝也不中用了，连忙赔笑说道：“太太这话说的极是。我能知道什么轻重？想来父母跟前，别说一个丫头，就是那么大的一个活宝贝，不给老爷给谁？依我说，要讨，今儿就讨去。我先过去哄着老太太，等太太过去了，我搭讪着走开，把屋子里的人我也带开，太太好和老太太说。给了更好，不给也没妨碍，众人也不知道。”邢夫人见她这般说，便又喜欢起来，又告诉她道：“我的主意先不和老太太说。老太太要说不给，这事便死了。我心里想着先悄悄的和鸳鸯说。她要是害臊不言语，就妥了。那时再和老太大说，老太太虽不依，搁不住她愿意，常言‘人去不中留’，自然这就妥了。”王熙凤笑道：“到底是太太有智谋，这是千妥万妥。别说是鸳鸯，凭她是谁，哪一个不想巴高望上，不想出头啊？”邢夫人笑道：“正是这个话了。你先过去，刚露一点风声，我吃了晚饭就过来。”

王熙凤暗想：“鸳鸯素昔是个极有心胸气性的丫头，虽如此说，保不严她愿意不愿意。我先过去了，太太后过去，她要依了便没的话说；倘若不依，太太是多疑的人，只怕疑我走了风声，叫她拿腔作势的。那时太太又见应了我的话，羞恼变成怒，拿我出起气来，倒没意思。不如同着一齐过去了，她依也罢，不依也罢，就疑不到我身上了。”想毕，因笑道：“才我临来，舅母那边送了两笼子鹌鹑，我吩咐他们炸了，原要赶太太晚饭上送过来。我才进大门时，见小子们抬车，说太太的车拔了缝，拿去收拾去了。不如这会子坐了我的车，一齐过去倒好。”邢夫人听了，便命人来换衣裳。凤姐忙着服侍了一会儿，娘儿两个坐车过来。王熙凤又说道：“太太过老太太那里去，我若跟了去，老太太若问起我过来做什么，那倒不好；不如太太先去，我脱了衣裳再来。”

邢夫人听了有理，便自往贾母处。

王熙凤左右逢源、见机行事之术可见一斑。若是有好事儿，她肯定是冲在最前头；要是估着没什么好事儿，她则施展一招绝活，将“皮球”踢给别人。从此事中已见王熙凤“推法”之妙。

生活中许多事情都和上面的事例一样，有时是不能直说的，有时更是不能直接去做的。这就需要女人们也要懂得点做人做事的手腕与方圆。

在生意场上要事事如意着实不易，但我们不妨学习下面几招：

1. 学点做人做事的方圆之道

方是做人的棱角和脊梁，圆是处世的润滑和通畅。过分的方，刚愎自用，锋芒毕露，惹事生非；过分的圆，唯唯诺诺，毫无主见，优柔寡断，难成大事。如何适当地把握这一切？只有靠个人的判断和感悟。聪明与愚蠢之分，也正是在此。

2. 学点刚柔相济之道

过柔则靡，太刚易折。该刚则刚，该柔则柔；人刚我柔，人柔我刚；人柔我亦柔，人刚我更刚。运用自如，游刃有余，这样与对方周旋，自然而然就会立于不败之地。

3. 学点以退为进之道

忍别人难忍之事，抗别人无法阻挡之事。忍耐是人最基本的生存智慧。忍一时风平浪静，退一步海阔天空。人，就应该在忍耐中生活，在生活中忍耐。有时候忍耐住刚强直率的性格与对手周旋，是抗的良策。相反以硬碰硬，会让自己吃大亏的。

由于人的时间和精力是有限的，不可能样样都去实践，许多别人总结出来的经验教训都是有一定道理的，女人们在日常生活和工作中要善于学习掌握和运用。其实，方圆之道就是圆融通顺之道，遇到走不通的路，办不成的事，只要女人们稍假思索，稍作调整方向，就能达到自己的目的了。

七、对镜梳妆，留一双眼睛看自己

人生就像一柄刚打造的剑，需要用磨石来不断地打磨，剑才会变得锋利；一块璞玉需要经过粗石的打磨，才会发出耀眼的光芒。打磨，对女人来说就是一种考验。在人生出现意外时，要得而不喜，失而不忧。

心理学家告诉我们，对自己不要过分苛求。若把目标和要求定在自己力所能及的范围内，不仅易于实现，而且心情也容易舒畅；对他人的期望不可过高，很多人把自己的希望寄托在他人身上，若对方达不到自己的要求，就大失所望。

在日本的历史上有过两位伟大的剑手，一位是宫本武藏，另一位是柳生又寿郎，柳生又寿郎是宫本武藏的徒弟。

柳生又寿郎由于年少荒嬉，不肯接受父亲的教导专心习剑，被父亲逐出了家门。于是受了刺激的柳生发誓要成为一名伟大的剑手，他独自跑到一荒山去见当时最负盛名的宫本武藏，要求拜师学艺。

拜见了宫本武藏，柳生热切地问道："假如我努力地学习，需要多少年才能成为一流的剑手？"

武藏说："你的全部余年！"

"我不能等那么久，"柳生更急切地说："只要你肯教我，我愿意下任何苦功去达成目的，甚至当你的仆人跟随你。那需要多久的时间？"

"那，也许需要10年。"宫本武藏说。

柳生更着急了："哎呀！家父年事已高，我要在他生前就让他看见我成为一流的剑手。10年太久了，如果我加倍努力学习需时多久？"嗯，那也许要30年。"武藏缓缓地说道。

柳生急得快哭出来了，说："如果我不惜任何苦功，夜以继日地练剑，需要多少时间？"

"哦，那可能要70年。"武藏说，"或者这辈子再也没希望成为剑手了。"

为什么愈努力，成为第一流剑手的时间就愈长呢？"你的眼睛全都盯着第一流剑手，哪里还有眼睛看你自己呢？"武藏说："第一流剑手的先决条件，就是永远保留一双眼睛看自己。"

留一双眼睛看自己是说要有海量和气度。没有气度的女人是很难成事的，因为没有气度便不能容人容事，也就不会有好的人际关系，当然也就很难取得好业绩。

下面让我们来看一个事例便能发现其中的差别所在。

公司公布了裁员名单，行政部办公室的刘娟和王玲在裁员之列，她们将在一个月后离岗。

那天，同事们看她俩都小心翼翼，更不敢和她们多说一句话，因为，她俩的眼圈都红红的。这事摊到谁身上都不好受。

第二天上班，刘娟的情绪很激动，谁跟她说话，她都没有好脸色，像吃了一肚子的火药，逮着谁就向谁开火。裁员名单是老总定的，跟其他人没关系。刘娟心里也明白，可就憋气得难受，又不敢找老总去发泄，只好拿杯子、文件夹、抽屉出气。

不绝于耳的响声，把同事的心提上来又摔下去，办公室的空气都快凝固了。人之将走，其行也哀，谁忍心去责备她呢？

刘娟仍不解气，又去找主任诉冤，找同事哭诉。

“凭什么裁我呀？我干得好好的……”说着说着，滚下泪来。

听的人心里也不好受，恨不得一时冲动让自己替下刘娟。自然，办公室订盒饭、传递文件、收发信件，原来是刘娟做的，现在却无人过问。

不久，听说刘娟托了一些人到老总那儿说情，好像都是重量级的人物，刘娟着实高兴了好几天。不久又听说，这一次是“一刀切”，谁也通融不了。刘娟再次受到打击，她变本加厉，怨恨的目光在每个人脸上刮来刮去，好像有谁在背后捣她的鬼，她要把那人用眼钩子勾出来。许多人开始怕她，都躲着她。刘娟原来很讨人喜欢的，现在，她人未走，大家却有点讨厌她了，巴不得她快走。

同样的，裁员名单公布后，王玲也哭了一晚上，第二天上班她也无精打采，可一打开电脑，她就和平常一样地干开了。王玲见同事不好意思再让她做什么，便特地跟大家打招呼，主动揽活。

她说：“是福跑不了，是祸躲不过，反正这样了，不如站好最后一班岗，以后恐怕想干都没机会了。”王玲心里渐渐平静了，仍然勤快地打字复印，随叫随到，好像没有发生过裁员的事。

一个月满，刘娟如期下岗，而王玲却被从裁员名单中删除，留了下来。

得与失总在不经意间出现，生活中更没有绝对的稳妥和公平。许多意外发生时，注定了你会失去某些东西，但对于有些人来说，保持容忍和气度，会使你在挫折中东山再起。

霍尔金娜是我们熟知的俄罗斯体操女选手，她的风采至今仍留在很多人的脑海里。

霍尔金娜 1985 年开始体操训练，她身材高挑儿，气质优雅，艺术表现力尤其出众，个性也很突出。她参加了自 1994 年以来的所有世锦赛，共夺得10金9银3铜共21枚奖牌，其中包括1995～2003年的高低杠五连冠和三次全能冠军。

但是在2004年雅典奥运会上，霍尔金娜却遭遇了体操岁月中的劫难，这位十多年以来一直保持着在大型比赛中高低杠项目不败纪录的霍尔金娜，在比赛的时候，却从高低杠上意外摔了下来。在那一刹那，霍尔金娜眼神里闪过某种特别的神色，但她立刻又恢复了坦然，重新站起来，完成了所有的动作，然后从容退场。这一次，她最终仅以8.925分的成绩排名垫底，失去了完成奥运三连冠梦想的机会。

在品味了无数次胜利与欢笑之后，霍尔金娜收获了失败，但她只是淡然一笑，离开了心爱的赛场，告别了辉煌的体操生涯，脸上却始终挂着微笑。

失败和挫折其实都是人生的一部分。凡事都应该以平常心来看待，对于生命中的顺逆，不要太执著。对人生的诸多事情，要保持一份淡然。

八、岁月无痕，衰老的只是容颜

岁月的风尘可以剥蚀一个女人的容颜，但无法磨平她的智慧，智慧像一盏明亮的灯，能照亮她一生前行的路。

聪明的女人能将自己的智慧演化为自己永不褪色的美丽，用自己的智慧装扮自己，让自己永远时尚、美丽、温馨和浪漫。

既然上苍没有给我们以美丽的容颜，就让我们自己拿起智慧的钥匙，开启我们美丽的人生之门吧！漂亮的女人就像那夺目的宝石，而智慧的女人却像永远挖掘不完的宝藏，如果让我选择其一，我宁可选择后者，因为，外在的美貌会随着年轮的流转而消失殆尽，而融入他人心灵的智慧之美却如一道亮丽的风景，在人们心里成为永恒。

智慧使得女人具有宽容而博大的胸怀；智慧使得女人的笑容如阳光般具有亲和力；智慧使得女人折射月亮般的皎洁，令人缠绵地幻想。女人的智慧是优雅而神秘的，令人感到神秘和向往。

世界上十分的美丽，女人夺走了七分色彩；女人有十分美丽，智慧占据七分内涵。世界因女人而美好，女人因智慧而更美丽。智慧的女人从容自信，周身散发优雅的气质。她们的气质依靠心智来滋养，依靠心灵来滋润。聪明的女人虽青春已逝，智慧却能长存；矜持的女人用智慧，让自己有水般的温柔和水一样的韧劲，任何场面都能以柔克刚。

智慧，是女人保持美丽的养分，正所谓“秀外慧中”。其实，美丽也是需要长年累月培养的，我们的容颜和气质最终依靠来自内心的滋养。矜持的女人常感叹：三十岁以前的相貌是天生的，三十岁以后的相貌是靠后天培养的。我们所经历的一切，将一点一滴留在我们的脸上。我们若要美丽每天多一点，就要自己不断地滋润我们的内心，而不要消耗透支。智慧的累计，使得我们纵然青春已逝，但美丽仍可以永驻。

一直以来人们都非常崇敬宋庆龄，不是因为那第一夫人的光环，而是她的聪慧、知书达礼、平易近人、忠贞不渝、谦恭朴素和坚定的信念。在她身上，你看到的不仅仅是一个女人、一个革命家、政治家，还可以看到一位热爱自己国家的母亲，一位精神上的导师。

1922 年，广东军阀陈炯明发动叛变，炮轰总统府。凌晨两点钟，孙中山接到秘密报告，叛变的部队要攻打孙中山住的越秀楼。孙中山要宋庆龄跟他一起撤离，宋庆龄想：如果和孙中山同时撤离，目标太大，很容易被敌军发现，于是她坚持自己留下，使敌军误以为孙中山还在，不会过早冲进府来，这样就能掩护孙中山秘密撤离。孙中山坚持要宋庆龄一起走，宋庆龄却坚定地说：“中国可以没有我，不可以没有先生。为了中国，你先走。”

孙中山只得忍痛和宋庆龄道别。他身穿长衫，头戴礼帽，肩背药箱，化装成出诊的医生，由护卫带着出了总统府，避过叛军，平安地登上了永丰舰。按照和宋庆龄事先约好的信号，鸣炮三声，表示平安到达。炮声传到了越秀楼，宋庆龄放心地对身边的人说：“先生平安了。”大家这才松了一口气。

凌晨两点半，叛军果然开始向越秀楼进攻，枪炮声不断。越秀楼上的五十余名卫士奋勇抗击四千余名叛军。一直坚持到早上 8 点钟，宋庆龄认为自己再留在这里已经没有意义了，才决定冲出包围圈。这时，叛军杀进了总统府，府内士兵向外冲，一片混乱。宋庆龄化装成士兵由卫士护卫冲出大门。遇到叛军阻拦，宋庆龄急中生智，打开手里的包袱，把钱物撒在地上，叛军立刻哄抢起来，宋庆龄和卫士乘机逃了出来。他们刚走不多远，忽然发现前面街道拐弯处过来几个敌兵，宋庆龄和卫士们立刻躺在街上的死尸中间，骗过了敌兵。等敌兵走远后，他们连忙爬起来，藏到一户人家去，才躲过了这次危险。

最后，宋庆龄和卫士们也终于安全到达了永丰舰，和孙中山会合了。在场的人无不佩服宋庆龄的机智勇敢。

智慧的女人懂得如何善待别人，宽容别人，从而赢得最真挚的友情。

智慧的女人也知道如何善待自己，宽容自己，不会因为挫折而轻易放弃自我。智慧的女人知道爱惜自己才会完成人生的旅程，她们爱惜自己生活的每一天，如同爱惜自己的生命。

智慧的女人，懂得依靠自己改变自己的生活和命运。聪明的女人了解男人；智慧的女人则更加了解自己。她们用心去看世界，觉得自己的生活就是艺术。

女范儿点睛

“幸福的生活，就是符合自己本性的生活。”后希腊和罗马时期的著名哲学家塞内卡的这句话的意思是，人应该遵从自然而生活。曾子墨、梁凤仪以及普通女工王玲，对待生活的态度是一种健康的处世态度。这是一种智慧，这种智慧来自于你对生活的认识，生活的不完美，教给你学会独处，学会面对失败。智慧，才华使得女人魅力四射，美丽永不退色。

第8章

能挣会花　理财也做范儿

1. 巧妇难为无米之炊，女人还是要有钱
2. 精细理财是独立的前提条件
3. 女范儿理财的九个小窍门
4. 一位单亲母亲的龙年理财方案
5. 不做“月光女神”
6. 月光公主与月光王子的理财计划
7. 学会改变自己

一、巧妇难为无米之炊，女人还是要有钱

巧妇难为无米之炊，意思是说，即使是聪明能干的女人，没米也做不出饭来。比喻做事缺少必要条件，很难做成。

钱，不管是对男人还是女人来说，都是必不可少的东西。任何一个人，也只有在财务上做到独立，才能真正做到人格上的独立。有句话说的好：靠山山要倒，靠人人会跑。只有靠自己，那才是最真实、最实在的。特别是女人。

女人能年轻多久？可以美丽多久？很多女人都没有好好地思考过这个问题。在我们的生活中，女人似乎总是扮演着关怀别人的角色，无论是母亲、妻子、姐妹还是挚友，女人总是将自己的温柔、体贴投入到关心别人的热情中，却忘了自己。其实女人有了财力才能更好地帮助他人，才能活出属于自己的美丽！

如果女人希望在社会上得到公平、平等的对待，那么有一个方面不容忽视，即经济自立。如果一个女人放弃事业，在经济上完全依靠别人，那么她在生活中的选择就会减少，最后她将不得不听命于他人，受他人的摆布，从而受到别人的轻视。因此女人一定要经济独立，这并不是为了追求享乐，而是要给予自己一个有尊严的生活。现代女子都明白钱虽然不能买来一切，但却可以为自己换来尊严，如果没有安定的生活、相互尊重的伴侣，那么女人又怎么能生活得快乐呢？

女人要想活得有尊严，那么无论在什么情况下都要为自己保留一个谋生的手段。不管家庭是否需要自己去赚钱，女人都不要轻易放弃自己的事业。女人在工作中实现自我价值，女人的努力、女人的付出都会得到应有的回报。工作不仅是女人赚钱的途径，也是女人建立信心的基础，它可以让女人更加有尊严地与其他人对话，为女人增添一种从容洒脱的个性魅力。

那么如何才会有钱？如何才能有钱呢？拥有什么样的钱，才叫真正的独立呢？

很简单，只要你们记住以下两点女人也一定会有钱。一要会赚钱，通过自己努力的工作所应得的收入；二要懂得理财，靠自己的头脑精打

细算，用自己努力赚来的钱理财。

通过上面两方面的努力所拥有钱时的你，才叫真正的有钱，才算是真正的独立。

女人要有钱，才能活出自己的美丽，而女人，只有在一定经济基础的前提下，才能够在丈夫、朋友面前抬起自己高贵的头。因为只有女人有了足够的经济能力，才能够实现自己的梦想。

有钱女人的美丽在于她通过赚钱证明了自己的能力，实现了自我价值，享受到自己精彩的生活。有财力可以让女人生活得潇洒，生活得体面。当一个女人能够拥有属于自己的财力，懂得独立，那么她的人生变得多姿多彩，这样的女人变得更美丽。从她的脸上，我们可以看到对生活的满足、对明天的憧憬，她们不必为未来而忧心忡忡，不必为难以实现心愿而灰心丧气。女人的精神追求在物质基础丰富的前提下可以尽早实现。一个女人，当她的心愿和理想一一实现时，那份安定、快乐与满足将是她身上最美丽的一件外衣，令每一个看到的人都十分羡慕。

所以说，一个聪明的女人，请你们记住。如果你们要想活出属于自己的美丽，就必须先要在经济上做到独立。只有经济上独立了，才可以按照你们自己的意思去生活，进而才能够成为人格上独立的女人。

二、精细理财是独立的前提条件

居家过日子就要学会精打细处，在 CPI 在 4% ~5% 的周期阶段，女性主导家庭理财可以使家庭收支精细化，消费节流化，增长稳步化，关系和谐化；为赢取自身独立的经济利益奠定权利基础；同时，女人的贤淑，持家有方也可以使家庭收入有限的情况下让家庭成员体面地生活。

购物的时候，店员手里拿着计算器，噼里啪啦很快就算出了账；他们每天都算账，表面一套账，背后一套账，你没有计算器，但是也不能只听他们给你算，你得在心里有自己的小算盘。打了九折是多少钱，打了八折呢？

打折以后零头是多少，该抹零呢，还是该打折呢？自己要在人家算计的同时，心里也早早算好一笔账。怎么谈判自己能节省更多的钱，怎么组合才能花最少的钱，买最多的实惠？如果没有基本的心算技能，就只看人家给你算来算去，那你肯定会吃亏。

不但在购买大宗物件的时候，心里要左算右算，就是在买小商品的时候，也要在心里算一笔账。比如在菜市场买菜，很多女士是拿了东西，人家说多少钱，就给多少钱。这样的结果可能是，人家多算你几毛钱，或者几块钱，你都不知道。

也许几块钱对你来说不算什么，可是如果你身上只有两块钱，而你今晚的晚餐还需要五块钱的调味品时，你怎么张口跟人家说你还差三块钱呢？

购买小件商品，随口问问多少钱，买几件东西，自己心里早就打好算盘，看看和商家给你的价格是不是一致，如果一致，交钱，交易结束；如果不一致，你会发现，商家多半会多算，不会少算，为什么？看似糊涂账，他们心里可不糊涂，糊涂的是你。

作为社会经济的组成个体，每个人都有着相应的理财需要，因为每个人都希望过上幸福美满的生活。不要以为每个月薪水不够花就没有理财的必要，以为理财是富翁的专利。这是对理财概念性的误解。理财简单地讲就是开源节流，管理好自己的钱。有余款的时候要学习投资理财，钱不够用就要反省自身，用理财知识来为自己省钱。

理财是无所不在的，它是每个人的本能，人人都可以成为理财大师。因为理财不需要高深的知识，只是做加减法而已。

在很多女人心目中，觉得理财是男人的事。其实女人在理财能力上并不逊色于男人，也许由于天生的柔弱比男人少一分魄力与勇气，但女人的细致、小心谨慎在理财问题上又胜出了一筹。

那些宣称自己不会理财的女性是真的不懂理财吗？其实不然，她们的问题是没有一个正确的态度和观念。她们要么过于保守，甚至对理财心存恐惧，不相信自己的能力；要么盲从偏信、人云亦云，不了解自己的财务需求，只是跟着别人进行理财活动；更有甚者完全将自己的经济自主权交给男友或丈夫，丝毫不考虑一旦情海有变，自己的情感和经济状况将陷入怎样的双重危机。

女人应该懂得理财。由于社会观念的局限性，女人就业比男人要困难，拿到高薪水的机会也较少，女人还更多地担负着养育后代的重任。如果没有一点经济头脑，不善于管好自己的钱，就很容易陷入经济危机。要让自己生活得更好，一切尽在把握中，就必须像关心自己的容颜一样去关心钱，以护肤养颜的态度去理财，为自己营造一个安全的财务空间。

从现在开始调整自己的理财观念，不要害怕自己什么都不懂，一点基本的财务知识加上良好的理财习惯，再加上对理财足够的重视，就可以摆脱跟在别人后面亦步亦趋的被动局面。

在美国学者克莱松的《巴比伦富翁的秘密》一书中，作者通过巴比伦第一富翁之口，向我们阐述了理财的七个秘诀：

第一个秘诀：当你的钱袋里有 10 块钱时，最多只能花掉 9 块钱。

第二个秘诀：一切花费都须有预算，人们应当把钱花在正当的事物上面。

第三个秘诀：使每一块钱都替你挣钱，让金钱源源不断流入你的钱袋。

第四个秘诀：投资一定要安全可靠，这样才不会丧失财富。

第五个秘诀：拥有自己的住宅。正如巴比伦国王用雄伟的城墙围绕城市，有坚定发财意志的人一定有能力建立自己的家园。

第六个秘诀：为了防老和养家，应该尽早准备必需的金钱。

第七个秘诀：培养自己的力量，从学习中获得更多的智慧，这样就会有自信去实现自己的愿望。

把这几个秘诀运用到现实生活中，你会发现，自己的经济状况不再是一塌糊涂，你会发现原来管理自己的钱财也可以有这么大的乐趣，而更重要的是生活质量的提高给你带来的那份成就感。

养成储蓄的好习惯。每月发薪后就将其中的一定数目，比如薪水的 20% 存入银行，从此绝不轻易动用这笔钱，那么若干年后这将是一笔可观的财富。如果不这样做，这笔钱将很容易被花掉，而且你也不会感到生活宽裕多少。千万不要等到月底看剩下多少钱时才来储蓄。

学会精明地消费。由于个人收入水平、生活方式的差异，"精明"二字的解释也各有不同，所以消费时千万不要随大流。要记住，适合别人的不一定适合你。记下你花费的每一笔钱：三餐开销、着装打扮、交通费用、娱乐费用……分类记录可以让你看清自己在消费上存在哪些不够理性的地方。

有些冤枉钱可以不花，只有清楚这些，你才能有的放矢地做好“节流”。

多种投资。女性对于需要冒险精神、判断力和财经知识的投资方案总是有点敬而远之——认为它太麻烦。但是当她们简单地将钱存入银行而不去考虑投资回报和通货膨胀的问题，或太过投机而使自己的财产处于极大的损失危险之中时，她们却忽略了这将给她们带来更大的麻烦。

拥有自己的居所。在大城市工作打拼，住所是生存的一大难题。如果具备能力，且条件成熟，拥有自己的居所要比每月交纳高额租金合算得多。购买住房是一种建立终生资产的行动，所以应当深思熟虑。在采取任何获得不动产的行动之前，都应当考虑好自己的资金支付能力和支付方式等问题。

学会未雨绸缪。为了应对意外的花销，平时就要存出一项专门的应急款，这样才不会在突然需要用钱时动用定期存款而损失利息。

把工作当做最好的投资。虽然操盘投资理财，不失为女性致富的一种途径，但让你获得财富并获得成就感的还应该是你的工作。毕竟，以工作表现得到高报酬，在工作岗位上能不断学习成长是一条最踏实稳健的投资理财之路。

当你学会打理自己的财富，你就会发现：你所拥有的幼苗在逐渐长高、长大。钱能生钱，善于理财的人最能体会这一点。

作为一个积极看待人生的女人，不但要过好现在的每一天，还要计划好将来的每一秒，不要以陈旧的观念误认为理财很难很复杂，其实只要挤出逛街的时间，拿出关注容颜的精力用于理财，你就可以成为花钱开心赚钱舒心的聪慧女人。因为理财其实并不难，理财离女人并不遥远，不要扼杀金钱天生具有的扩张能力，用理财技巧使它流动起来，助你尽情享受金钱带来的快乐。

三、女范儿理财的九个小窍门

对于女人来说，如何通过理财对抗通胀，让自己和全家拥有幸福生活，是每位女性必须面对的现实问题。

在外面事业搞得风生水起，在家里理财有道，这九个小窍门供你参考。

1. 哪些钱你不该花

看到这样的题目，很多人会产生疑问：还有不该花的钱啊？哪些钱不该花啊？在她们看来，哪里都少不了钱！其实仔细算算，有些钱的确是不该花的，而且这笔钱的数目还不小。

冲动是魔鬼，你不该给魔鬼埋单。很多女性有这样的经历，看到一件东西时，心里很喜欢，会立刻买回家。可是买回家以后才发现，这件东西根本不实用。

面子是虚荣，你不该为虚荣消费。人活脸，树活皮。爱面子是人的本性，这本无可非议，但是为了面子而损失了银子，就要掂量掂量了。

健康是根本，你不该为健康花冤枉钱。在日常生活中，要专门拿出一部分时间来锻炼身体，让身体一直处于健康的状态，才是我们应该选择的上上策。

理财秘诀：花了不该花的钱，和做了不该做的事一样，不值！相比较男人而言，女人更应该有细致的心思，克制自己的欲望和冲动，避免意外的伤害和事故，保护家庭财产不意外流失。

2. 家庭省钱妙招之抛砖引玉

很多人以为，只有过穷日子的人才需要节俭。其实不然，不说勤俭节约一直是人类社会共同倡导的美德，单说我们辛苦挣来的钱，如果没有花在该花的地方，那对我们的劳动成果就是一种浪费。俗话说，省下的就是挣下的。节省，是尊重你和家人的劳动果实——辛辛苦苦挣来的钱。男人比较粗心，但是男人要比女人简约，尤其是在家庭生活中，很多额外的消费都是因为主妇的购物冲动和盲目消费造成的。作为精明的居家女主人，不妨从以下几个方面体会一下，把老公和自己辛苦挣来的钱省下来，做个勤俭持家的好媳妇。

第一招，寻找便宜货；

第二招，减少购物的次数；

第三招，购物有计划；

第四招，节日物品提前买；

第五招，争取购物有优惠；

第六招，预算工作很重要；

第七招，只花80%。

省钱的招数有无数种，关键是你是否用心。以上招数，不过是抛砖引玉，相信开运女人一定会有更好的方法，开源节流，财运亨通。

理财技巧：花钱容易挣钱难，开运女人要珍惜自己和家人辛苦挣来的每一分钱，在开源的同时更注意节流。争取多想出一些节省开支的妙招，为积累家庭财富而努力。

3. 理财口诀——降低成本

通胀情势下生活成本高，是很多人觉得压力大、生存难、幸福指数不高的原因。生活成本无非是吃、喝、玩、乐、衣、食、住、行，这些活动所需的费用包括自己和家人的。在经济状况一般、家庭收入勉强的情况下，开运女人一定有办法减轻自己和家人的负担。如何提升家庭幸福指数？其中降低生活成本就是非常可取的一招。开源节流是理财的重头戏，开源继续努力，节流也不落后。降低成本，就等于收入有更多宽裕，这是开运女人非常明白的一个道理。

首先，住房的位置与装修不要与人攀比。其次，在饮食方面，最好自己买回来加工，这是既能保证健康又可以降低生活成本的不二法门。另外，在出行方面，要根据距离的远近，来决定是否开私家车。

理财技巧秘诀：降低生活成本，相对而言，就等于你和家人的收入提升了一层。收入提升，自然容易把剩余的钞票积累起来。并不是奢华的生活才富足，但从容的日子一定才悠闲。

4. 省钱最无敌——变废为宝

看过的报纸、过期的杂志，还有饮料瓶、色拉油桶、塑料勺、硬纸盒、淘汰的旧家电可以以旧换新……除了日常生活制造的垃圾，我们扔进垃圾桶的，还有这些不再和不愿使用的废品。这是个物质充裕的时代，有很多不再使用的物品，有很多包装物品，其实其质地都很优良，用处还有很多。我们何不通过变废为宝节省金钱，让省下来的钱去发挥它们更大的用处呢？再说，变废为宝，不但能给你省下不少钞票，还能陶冶情操、丰富生活，让开运的你同时也是一个充满智慧的女人。

理财技巧：什么是废品？没有利用价值的才是废品。如果把你家里要扔掉的废品通过自己一双灵巧的手，变成可以利用的物品，变成宝的不只是废品，还有你聪颖的智慧。

5. 自己动手的惊喜收获

对于许多事情来说，只要你自己动手吧，你会有惊喜的收获。

把那些不穿的旧衬衫和外衣找出来，它们大部分是棉麻纺织品，质地非常好。过去妇女们做鞋用它打疙疤。就是把碎布铺在桌面上，抹上用白面做成的糨糊，一层层粘贴起来，五六层的样子。干了以后，你剪成鞋垫。

不要再懒懒地不想做饭了，下班后，买蔬菜、肉类、整鸡，回家就可以动手做饭。

原来，生活压力有时候是因为我们不愿意动手而带来的。

理财技巧：我们在享受服务时，所偿付的有我们不能生产的物质，还有我们不愿意付出的劳动。如果你觉得你所付出的劳动更辛苦，为什么还要去为别人的劳动埋单呢？

6. 懂得利用公共资源

改革开放三十多年来，社会公共事业发生了翻天覆地的变化。在公共资源方面，国家公共事业、公益事业、基础设施建设的投入力度逐年加大，这方面的成就也是日新月异。只是我们是否注意到并已经在利用这些公共资源了呢？

年轻人求知需要大量的资源，学习材料、英文阅读书籍、职业辅导教材以及其他社科、生活阅读图书、杂志、报纸等，其实都可以通过向图书馆借阅，从而节省一大笔"充电费"。

自从有了网络以来，我们的生活有了多方面的方便之处。通过网络了解新闻事件、阅读文字资料、浏览商品目录、观看视频电影、下载安装软件、搜索所需信息、收听流行歌曲等，这都可以为我们节省一大笔开销。

很多白领女性为了锻炼身体，纷纷办了某健身会所的会员卡，一年最少1200元，甚至更多。其实在很多小区、公园都有锻炼的健身器材，还有宽敞的大马路，这些都是你可以利用的免费锻炼资源。

免费开放的博物馆、大学校园的自习室、大型博览会，都是你可以利用的公共资源，关键要看开运的你，是否会调配资源、利用资源、节省你的“资源”。

理财技巧：公共资源是靠税收来建设的，你是纳税人，你有权利并且也应该使用包含你的劳动果实的资源。一个不懂得利用公共资源的人，就是一个不懂得珍惜自己劳动果实的人。

7. 学会讨价还价

到了商场或购物超市购物时，同样的衣服，一位女士花了300元，另一位女士花了240元。通过谈判省下的这笔钱，会让你在其他花销处变得优雅从容。

有位谈判专家曾经说过：“谈判得来的钱，有时候要比你去上班、去劳动挣得的钱还要多。”我们来算一笔账，作为普通白领，我们一天能挣200元，把路上的消耗算进去，你一天一个小时能挣20元。但是你在商场的谈判，有时候只需要10分钟，就可以为自己节省50或100元的钞票。这样作比较，你看哪个更合算呢？

在购物之前，要预先了解商品的实际价值。如果能够预先了解一件商品的实际价值，会让你在谈判中占据主导地位。

理财技巧：如果你的谈判意识和技能比你的对手差，那你腰包里的钱就会多流失一些。开运女人懂得如何通过谈判，以最公道的价格去换取等值的产品，从而留下自己的钞票。

8. 我跟你“拼”了

物价高涨，工资不动，金融危机还来打击老板信心。在这个务实的年代，再遇上这么不景气的经济状况，“拼”房，“拼”车，“拼”装修，甚至“拼”买杀毒软件的人，可以说是大有人在。“拼”不再是丢面子的事情，而是年轻人的一种时尚行为，你“拼”了吗？想一想，其实生活中的很多地方，值得一“拼”。

"拼"房子已经是老话题了，单身女孩子们常常付不起一套房子的租金，就和几个女孩子合租一套，这样既安全，又省钱。"拼"游已经是一种时尚行为，显而易见，这种时尚是建立在省钱的基础之上的。

你还在犹豫吗？赶紧"拼"啊！

理财技巧：不知从什么时候开始，"拼"不再是小气，而是时尚。因为"拼"不仅仅是节省个人财力、物力的最佳方式，还是节省资源、为环保作出贡献的最佳方式。

9. 节省"必要的"开销

谈到理财的时候，大家谈论的更多的是自身的理财，对孩子的理财教育，还有对未来养老的担忧和准备。可是有一个问题很重要却也是很多人容易忽略的，那就是父母的养老问题。

开运女人应该有着孝敬的美德，也应该是一个细心的女人。她在理财规划中，会想到为自己的父母或公婆划出一部分资金，提前做好准备，当父母不幸患病，或没有劳动能力时，为父母提供经济上的保障和支持。

对于赡养父母的费用，是非常必要的开销。开运女人很聪明，她们往往善于巧为筹划，就算是"必要的"开销，也能精明地省下来。

比如提前支付赡养费、帮助父母赚取额外收入、保障父母身体健康等。

没病没灾，单单是吃喝用度，其实花不了多少钱。所以开运女人应该关注父母的身体健康，虽然小病难以防范，但是大病一定要通过预防坚决杜绝。

理财技巧：赡养父母是每个为人子女的义务，如果能采取有效的策略，这个义务就不会成为你的负担。对于"必要的"开销，我们没必要一定要花最多的钱。

四、一位单亲母亲的龙年理财方案

张亚琼今年38岁，去年她与一起创业多年的丈夫离婚了，刚刚上小学的女儿交由她来抚养。现在她是北京一家化学试剂公司的市场助理。

去年，张亚琼终于下定决心与冷战多年的丈夫离婚，刚刚读小学一年级的女儿交给了她抚养，作为补偿，他们在市区的一套住房留给了张女士。重新开始生活的张亚琼在亦庄开发区公司找到了一份市场助理的工作，踏实肯干的她如今每月有了5000元左右的工资收入，但是由于这家公司离自己的住处很远，交通也不是很方便，于是不久前张女士将自己的房子出租出去（每月租金出入4000元）在东四环附近租了家小两居的房子（租金每月要1500元），女儿也转学到了附近的学校。

然而解决了交通问题的同时也带来了更多的麻烦，令张亚琼没有想到的是女儿会如此不适应。新的学习与生活环境令女儿情绪波动很大，为此张女士特意为女儿在区少年宫报了舞蹈班，一个月要800元，加上其他的一些教育经费，张亚琼每个月要在女儿身上投入一千多元的教育支出。另外，张亚琼常常鼓励女儿在学校多交一些朋友，与同学一起去公园、博物馆玩，加上自己与同事之间的一些聚会，这部分费用每个月要花费800元。再扣除每月基本生活开销1700元，张亚琼每月约有4000元的结余。

年度收支情况上，张女士有一份14000元的年终奖金，每年的人情支出要6000元，过年回东北老家的花费在3000元左右，合计年度结余5000元。

家庭资产方面，张女士有活期和现金7万元，存款38万元，房产250万元，合计家庭资产净值295万元。

1. 单身隐患日益浮现

张女士近来渐渐感受到了单身的压力，身体一直处于亚健康状态的她总担忧："我如果病倒了，不但工作肯定做不下去，治病还要花上一大笔钱，到时候孩子怎么办？"

一旦出现这种状况，张亚琼明白单单依靠房租肯定不够母女的生活开销，但带着孩子回东北的乡下老家更不现实。

单身的隐患逐渐浮现出来，不仅工作要加倍努力，还要兼顾孩子的身心发展，工作上的范儿看来要承担单亲生活的负荷。

2. 养老教育成两难

张亚琼也考虑着将来自己的养老问题，随着年龄的增长，再婚显得不大可能，所以她希望在社保之外可以多准备一些自己的养老金。

而女儿也在逐渐长大，教育费用现在看来已经不少了，但在北京这个高消费的城市，不是说自己想省就能省下来钱的，为了孩子未来能够有一个较为宽松的受教育环境，一份适当的教育资金显得必不可少。

现在看来，张亚琼经济条件还算不错，每月有一些结余可供支配。但身体问题是一个隐患，这种生活可能随时会面临危机。张亚琼该如何利用自己现有的财产进行恰当的规划？

每月收支状况　　（单位：元）

收入		支出	
本人月收入	5000	房租	1500
配偶收入	0	基本生活开销	1700
房租收入	4000	养车费用	0
其他家人收入	0	子女教育费	1000
其他收入	0	衣、食、行、娱乐	800
合计	9000	合计	5000
每月结余		4000	

年度收支状况　　（单位：元）

收入		支出	
年终奖金	14000	保费	0
存款利息	0	人情支出	6000
其他	0	探亲等	3000
合计	14000	合计	9000
年度结余		6000	

家庭资产、负债状况 （单位：万元）

家庭资产		家庭负债	
活期及现金	7	房屋贷款	0
定期存款	38		
汽车市值	0		
基金市值	0		
股票市值	0		
房产	250		
合计	295	合计	0
家庭资产净值		295	

五、不做“月光女神”

在我们周围，生活着这样一群年轻人，每到月初发工资的时候，花钱大手大脚，样样东西都拣好的买，每天还不做饭，都去外边解决。可是，还没有到月底的时候，就早已把工资花得精光，弄得自己非常狼狈。这样的人因此被称为“月光族”。

在公司做行政工作的小李，今年24岁，大学毕业已有2年，月薪4000元。原以为没有存款没什么大不了。然而，她到了后来开始盘算是不是该买房的时候才发现，自己工作后竟然一分钱都没能存下来，连按揭买房最基本的首期款都付不了，更别说赡养父母了。懊恼不已的小李对于自己现在的财务状况很是头疼。

平时，小李还喜欢和同学朋友一起去吃饭、泡吧、蹦迪，不时还得“打的”，只好沦为“月光族”，有时出去旅游，还得向老妈要点赞助。小李说，“能够这样消费，还因为我是一个女孩，不必惦记着买房买车的事，和父母同住，没有太大的压力，自己挣钱自己花，有时花完了，还可以向父母要”。

她们生活自由，有赚钱的能力更有花钱的激情，敢于超前消费，敢于花明天的钱享受今天的生活，但她们银行存款永远是零，经常面临借债的窘境。你是否也在面临这种窘境？应该怎么办？如何摆脱左手进钱右手出的困境。

下面教你几招避免成为“月光族”的方法。

1. 有计划地花钱，知道钱的去向

要学会理性消费，有计划地花钱。购物前仔细思量、购物时详列清单都是非常重要的功课，让“想要”的成分远远低于“需要”，这样才实际。千万别先刷了再说，记得对于刷卡，平日每月账单不宜超过薪水的1/3，若有特别支出时，亦不得超过存款的1/2，如此才能消费得理性与安心。不知道钱都花到哪里去了，这是“月光族”最典型的症状，有很多的年轻女孩都有这样的困惑，其中不乏月收入5000元以上的白领。在这种情况下，你问问自己：我每天记账吗？得到的答案都是一脸茫然：没有。

要知道钱花哪里去了，记账应该是最好最有效的办法，如果每次的支出都有记录的话，钱花到哪里去的问题就会迎刃而解。

建立日记账的目的不是仅仅为了记账，而是要从记录下来的数字中去分析自己的支出结构，哪些是刚性支出（生活需要，无法减少的支出，花费每月基本固定），哪些是弹性支出。而弹性支出恰好是我们的分析重点，节流就是得从弹性支出入手，逐步减少可有可无的支出，严格控制不该有的支出。

任何事情贵在坚持，只要能坚持半年以上，我们就可以掌握自己的花钱规律。有计划地进行节流。另外，建议每半年做一次个人的资产负债表，当资产逐步上升的时候，成就感就会油然而生。

目前的“月光族”以独生子女居多，从小她们的各种欲望都会被无条件的满足，长大工作后，由于惯性的作用就无法控制了。

建议有这种倾向的女孩们，只买需要的，控制想要的。所谓需要的，是指缺少了这件东西，生活无法继续或严重影响生活质量。看到想要的东西时，给自己一个星期的冷静期，因为好的东西太多了，任凭你有多少钱都是买不尽的，而且往往冷静期过后，我们就会发现我们已经不太想要原来看中的东西了。

2. 有目的地存钱

人总是有许多的借口让自己不存钱，20岁的时候说收入不足、30

岁则说刚建立家庭，开销正大，20、30、40、50 转眼而过，等到年纪渐长只换来“后悔”两字。为了避免这个借口一再产生，给自己一个存钱的目的吧，不论是买车、买房都行，每月收入先拿出实现梦想的储蓄部分，其余再做有效的支配，才是有效的做法。若是觉得目前银行利率太低，建议可选择共同基金的定时定额投资法，其“定时定额”的方式将能帮助你自动化地存钱，达到你所预设的目标。

之所以成为“月光族”，其中一个很重要的因素是“月光族”自制力太差，做事没有计划性，因此，建议“月光族”在每日记账的基础上分析自己的支出结构，确定在不影响生活质量的基础上每月能结余的金额，做一个储蓄计划，采用强制储蓄的方式，每月一发工资，就先把这部分钱从日常支出中扣除出来。通常情况下，储蓄率应该在 20% 以上为宜。

对于“月光族”来说，虽然每月的剩余不是很多，但是如果把这一部分做一个自主投资的定期储投，收益也是非常可观的。

其实，“月光族”的真正问题并不都在于收入的高低，而更多的在于使用金钱的方法。很多年轻朋友认为，“钱是挣出来的不是攒出来的”。这似乎是很有道理的话，但只说对了一半。“不积细流无以成江海”。广开财源自然是好事，但继承老爸老妈的光荣传统精打细算过生计，也是一个好方法。

3. 有效率地赚钱

存钱、花钱是只在有限的收入里作有效的运用，如何大步迈向致富之路，最重要的是“钱滚钱”。怎么用钱赚钱？投资工具千百种，哪种才是适合自己？在定存利率不佳而无法使资产有效增加，又不愿承受太大风险的情况下，不妨加码在中长期的投资商品上，如保本型基金、平衡型基金、股票型基金等，此外，亦可通过外汇等方式将投资市场分散在国内外。以较低的投资风险，达到较稳健的投资收益的目标。

六、月光公主与月光王子的理财计划

每逢节假日，在各类大小促销的商场内，我们总能看到人头攒动的年轻人身影，所以才有人说，年轻人是现在的主要消费者，并且，他们中的极大部分还采用了透支消费模式，所以被冠以"月光公主"和"月光王子"的头衔。但是，并非所有的年轻人在面对诱惑的时候都会抵挡不住，相恋多年的常小姐和男友就是颇有理财意识的两位。即将跨入婚姻殿堂的他们，虽然工作时间不算太长，但靠着平时的省吃俭用，倒也小有积蓄。结婚，意味着肩上的担子更加重了，孩子、房子、车子、父母，都是小两口目前正在考虑的问题。

常小姐及男友月收入共5000元，单位办有"五险"，每年年底可提取公积金12000元，现有共同积蓄5万元。每月开销如下：房贷1200元、餐费600元、应酬400元、置装费及其他费用1000元。现有一套60平方米的房子，还有8年按揭未还。双方父母均在农村，有养老保险但无重大疾病保险。理财目标：婚后能给双方买份保险；两年内生个孩子；5年后置换房子；买一辆经济型车子。

从以上事例可以看出，要想从"月光族"变成理财能手也不是一件多么难办的事。

1. 开源节流才是"王道"

"你不理财，财不理你"近年来成为不少年轻工薪族的理财观。在上海从事外贸工作的李佳每月收入在3000元左右，因为是本地人，所以吃住都在家里。李佳聊起了自己的理财经："每个月领到工资我都会先存1000元定期，然后剩下的钱才自由支配。我一般都是在网上购物，从书、衣服到化妆品，因为价格要便宜很多，自己还会在网上转让一些二手的小饰品，这样每个月还能有些额外收入。"工作一年后她已经攒下了一万多元，目前，她还正在考虑买基金，因为基金比储蓄的收益高，而且风险比股票要小。

2. 加冕月光，觅理财之道

2007年年初，张娟大学毕业，刚参加工作的她对周围的一切充满新鲜感，第一次穿高跟鞋上班，第一次在单位吃工作餐，第一次朝九晚五地挤公车上班，第一次因公出差，第一次赚到月薪，第一次用自己的钱买东西……她像一只勤劳的小蜜蜂，奔波的同时享受着收获的喜悦。不过，无计划的花销也让她光荣地坐上了"月光美少女"的宝座。如何节省开销，成了她要面对的首要问题。

在同事小高那里张娟得到了简单的解释，投资基金就是把自己的钱给基金公司，由基金公司的专家去买股票，赢利后分成，基金公司在操作的同时收取一定代理费，与自己直接炒股相比，赔本的风险相对较小一些，基金的市值相对也低一些，由专业人士操作，相当于雇人炒股，每支基金涨一两毛钱，但是买的多就能赢利。

3. 基金定投，强制储蓄

张娟是独自在外地工作，离开父母身边的她独立能力较强，张娟说，自己虽然追求时尚，讲究生活的品质，但是一定要做有计划的人，在穿衣吃饭上绝对不能委屈自己，其他的花销则能省就省，除了房租外每月拿出 1000 元钱做理财。

上网了解了备选方案的股票和基金后，张娟分析自己的情况认为，炒股初期需要源源不断地投资，目前虽然是牛市波动，但是大涨对应的就是大跌，自己刚参加工作没有足够的时间、精力和资金炒股，这种赚钱快，风险高的产品暂时 PASS 掉，接下来就是基金。基金的种类也有很多种，考虑到自己仅想作为强迫储蓄的手段，对收益的要求并不高，因此张娟选择了基金定投，先选择一支基金，然后每个月到银行定投 1000 元，避免了通货膨胀给存款利息带来的损失，也强制了自己的消费欲望。

4. 强制理财，慎用信用卡

理财专家建议，应当合理消费和理财，对支出进行合理地调整和控制，尽量压缩不必要的开支。没有钱或挣钱少，各种消费的欲望自然就小。手里有了钱，消费欲立马就会膨胀。所以，单身族要控制消费欲望，特别要建立一个理财档案。

可以先试试强制储蓄、逐步积累的方法。每月把工资的 1/4 固定纳入个人储蓄计划，最好办理零存整取，到银行开立一个零存整取账户，每月发了工资，先考虑到银行存钱。如果存储金额较大，也可以每月存入一张一年期的定期存单，一年下来可积攒 12 张存单，需要用钱时可以非常方便地支取。基金走势普遍被看好，建议将每月 20% 的资金购买定期定额基金，也是一种强制储蓄的措施。

理财师特别提醒，要慎用信用卡。现在持卡消费越来越普及，但是并非人人都适合使用信用卡。特别是对花钱无度的单身族来说，使用信用卡更需要慎重。轻轻一刷的潇洒往往掩盖了过度消费。

5. 实施方案

除了做好保险规划、换房规划、养老规划、子女教育金储备及购车规划外，还要做好以下几点内容：

（1）购买货币市场基金，兼顾流动性和收益性，安心存放家庭紧急备用金，是定期存款的最佳替代品。

（2）选择平衡型基金和偏股型基金的投资，让专家为你理财投资，以分散风险，增加收益。

（3）为构筑家庭风险保险屏障建议再购买一些保费较低、保障充足的定期寿险、综合意外险和重大疾病险。一般年保费为一个月工资，即一年 5000～6000 元。

（4）为了更好地开源，建议每年都要拨出时间和金钱来及时充电学习，提高工作技能，不断充实自己的知识面，为工作更上一层楼奠定基础。

七、学会改变自己

现在有很多女人，拿着很高的工资，有车有房，生活方面是一点也不成问题，每年在大休的时候，还要出去旅游一趟，放松一下心情，真可以说是物质精神双丰收。可是一谈到理财方面就变得一蹋糊涂了，基本上是月月光，最后连自己也不知道钱究竟花到哪儿去了。随着年岁的增长，结婚、买房、抚养子女、养老等一系列问题接踵而至。往日的潇洒再也找不到了……所以我们提倡理财，懂得理财，会理财的女人才能幸福一生。现代的女性，要想真正活得潇洒，就要改变理财观念，学会理财，实现财务上的自由才行。

一个会理财的女人，不仅意味着她有内涵，而且说明她有智慧。同时，她还懂得利用手中的资源，创造更多的财富，让自己拥有一个幸福的未来。

那么，怎样才能学会理财把幸福牢牢地抓在手中呢？不妨先改变自己的消费习惯，再谈理财。

观念一：你不理财财不理你

理财不只是空谈口号，要身体力行，更要持之以恒。

观念二：让消费物超所值

美丽的女人投资外貌，聪明的女人投资内在。充实自我理财观念、开阔视野，将消费用在刀刃上。“利用知识生财”，是新时代女性的理财方式。

观念三：强迫储蓄定期投资

“零存整取”、“定期定额”都是强迫储蓄与投资最佳手段，让部分薪资自动向投资账户投诚，眼不见为净，多年后成效绝对令你满意。

女范儿点睛

现如今，金钱能赋予女人的含义越来越多，它可以给予女人奢华的服饰、安逸的生活，同时也给予女人尊严。一个会赚钱的女人在经济上可以不依赖任何人，她能够负担自己的生活和享受，并得到自己所希望的东西，他人没有权利对她的行为指手画脚，因为这些都是女人凭借自己的能力得到的，这就是一种有尊严的生活。

第 9 章

健康是本　做范儿不忘强筋骨

1. 调整作息，为了青春与健康
2. 下得厨房，好处不会少
3. 胖又何妨？不做盲目纸片人
4. 多运动，别当宅女
5. 释放压力，舒缓心情

一、调整作息，为了青春与健康

不赖床、不晚睡，是女范儿保持良好睡眠质量的不二法则。

一些年轻的职业女性，习惯熬夜，她们认为深夜似乎是思考与创造力最丰沛的时段，无论是阅读还是写作，“夜晚”仿佛有着强大的魔力，可以让自己想得更多、更透，创作与效率也比白天来得强。但是，殊不知熬夜不仅会影响个人正常的生活与工作作息，更为健康带来巨大的隐忧。

熬夜熬成“大妈”

许多十八岁或二十几岁的小姑娘，可能因为还年轻，体力很好，所以就拼命熬夜，不过熬夜的副作用已经悄悄在身体里开始进行了。以公司办公室的秘书晓蓉为例。晓蓉以前也是个夜猫子，并非她的体力像超人，而是晓蓉的意志力和坚持把她自己弄得跟超人一样。大学时代，晓蓉常因为作业熬夜到天亮，为的就是在最后一秒，能交出一份“对得起自己”，却“对不起自己身体”的作业。逐渐地，晓蓉的睡眠质量越来越差，也常常跑医院。

于是，晓蓉开始发现自己肠胃机能出现状况，甚至有“逆流性食道炎”的病症，后来还因过于维持自己的体形，得了胃溃疡。最糟的是，消化系统一旦出现问题，整个肤色和肤况就变得十分糟糕，大颗小颗落满面的痘子一直如影随形，当然毛孔粗大，脸色也是相当差，犹如一位历经沧桑的大妈。

事实上，经常打乱生物钟熬夜的女性出现月经不调的几率是作息规律者的两倍，其痛经、情绪波动的情况也很多。而美国哈佛大学医学院和波士顿布莱根女子医院的专家称，经常上夜班的女性患肿瘤的比例是白班女性的1.5倍；而且上夜班次数越多，风险越大。

女性长期熬夜或者失眠会改变身体原有的生物钟，从而引发机体生命节律发生紊乱。这种紊乱将导致一系列内分泌功能的失调，进而影响女性的排卵周期。一旦排卵周期被打乱，就可能出现月经不规律，随之会使孕激素分泌不平衡。而一些女性高发肿瘤，如子宫肌瘤、子宫内膜病变、乳腺病变等，都与雌、孕激素的分泌异常有着密切关系。经常熬夜，事情很严重！

总之，人的体力有限，年轻时或许可以夜以继日地工作赚钱，但年岁再大以后，身体和健康是否受得了过度的操劳？谁也没办法对此打包票。聪明的你应该可以想象，如此挥霍地预支人生，很有可能在未来因为全盘透支而感到悔恨不已。

良好的睡眠习惯

熬夜一天过后的精神疲累，身体累积的毒素，可不是睡一天，或多睡一点就可以补得回来的。虽然我们体内的睡眠需求有恒定机制，但是当体内褪黑激素分泌的时间受到影响，其他生理活动的机制也会因此受损，累积下来就会产生各种后遗症了。因此，姐妹们，熬夜或许能换得短暂的效益或时间，但绝对会赔上你一辈子的健康与生活。不管怎么样，都尽量不要熬夜，这里为女夜猫子们提供几个矫正作息的好方法：

（1）适当舒解压力是让你更好睡眠的方法之一。睡前两小时内，应避免做需要过度费脑力思考的事情，否则脑神经会因过度亢奋而容易衰弱。建议听听轻音乐，或是看看小品文章，放松自己一天紧张的情绪。

（2）养成良好睡眠的卫生习惯。尤其在睡觉时不要开着电视，电视的屏幕会影响入睡的时间与睡眠深度。

（3）许多人可能都以为彻夜不睡的程度才算熬夜，不过从生理时钟的角度来看，到了晚上十一点还没睡，就已经算是晚睡的状态。因为此时人体的气血已经算是完成一天的循环，到了该休息的时间了。所以，尽量在晚上十一点以前就寝，除了跟人体的循环代谢有关外，也跟人体的自然运作机制相关，记住，愈晚愈难睡着，也愈难睡得好。

（4）晚上不宜多喝水，尤其是茶或咖啡否则会影响睡眠质量，起夜多，甚至造成水肿。

（5）室内温度需适中，过热过冷都睡不好。冬天尤其要注意保暖，夏天不要开着空调睡觉。

（6）睡前给男友或闺蜜的电话、网聊宜提早，睡前不让自己保持安静、太过缠绵可是会失眠的呀！

大家要记得，睡眠是健康之本，人一旦睡得好，百病自然消。长期失眠者，可以白天做些运动获得改善；严重失眠者，若已影响日常生活或工作，快到医院请医生看看。

给女范儿的私房话：

为了自己好，不妨从今天开始调整睡眠时间。你可以慢慢调整，每天提早半小时上床，时间长了自然而然就可以纠正过来。在你还没开始赔上健康和青春前，请你跟我一起力行早睡早起，捍卫美丽的健康人生吧。

二、下得厨房，好处不会少

烹饪也是一门手艺，这门手艺不但让你满足虚荣心，还能填饱肚子。

现代社会工作过于忙碌，就算是朝九晚五的上班族，也常会有加不完的班。尤是一些"85 后"，事业上正要劲，有的正筹备小家庭，每天忙的吃不上一顿像样的饭，只能靠吃小摊、吃快餐解决，因此常常有食过油、热量过高、过咸的不健康饮食习惯。时间一久，身体自然会累积过多的毒素。如果不能适当地排出，则会影响身体健康，诸如肠胃道疾病、营养不均衡，或是脂肪的过度堆积等问题。

如果能够自己动手做饭，那当然最好。因为自己动手做的饭一定都是最健康的，永远会想要少放一点油，少掺一点调味料，靠着扎实的食材煮出的美味，最符合人体需求，而且还可以省下不少外食的餐费。

烹饪是门艺术

雨欣和香穗是在同一座写字楼的好朋友，她俩情同姐妹，雨欣是杭州美女，而香穗会做一手好菜，每当雨欣心情低落时，她会在家里做些小点心，送到雨欣的办公室慰问一下她受伤的心灵。说来也真的很神奇，每当雨欣接到香穗的风味小吃时，雨欣的心情就由阴转晴，品尝着香穗精心制作的小菜或小点心，雨欣总有一股说不出的幸福……

香穗是地道的北京人，做菜是地道的北京胡同风味，所有的食材是应时应季就地取材，她做的爆羊肉、盆糕不仅味道好，还非常之专业。她下厨还真的有一种莫名的魅力，香穗不仅做饭好，在公司也是业务上的一把好手。这对她的男人来说，应该也是一种"闷得儿蜜"吧。特别是她做饭的家伙什据说是家传的，每一顿饭度能感到老北京胡同的民风。

在香穗的调教下，雨欣也学会了一两道手艺，有时在周末香穗、雨欣会带着朋友在家做几道风味佳肴，当大家举杯相邀时那真是一段难忘的岁月。雨欣第一次觉得，付出可以这么快乐。看着室友们大快朵颐自己的粗茶淡饭，她就觉得很满足，有时她做了七八道菜，从厨房出来后，发现有些菜盘已经快被清空，也依然感到快乐欣喜。有阵子雨欣特别爱烧鱼，把家乡的烧鱼方法与北京的胡同风味结合起来，会让她特别有成就感，特别是有时老公和孩子在她后边屁颠屁颠的跟着，让她也感觉到自己就是贤淑持家的范儿。

在厨房里当个充满自信与魅力的女范儿，也是一件超有成就感的事。你可以在厨房里找到自己的创作天地，更可以训练自己对食材、味蕾的敏感度，倘若做出兴趣，翻阅食谱或自创新菜色，或许还可以借此找出自己的第二专长与天赋哦。

此外，多往厨房跑，自然也会多往超市或菜市场跑，走进琳琅满目的食材大观园里，除了总是可以找到意想不到的新鲜感，还可以培养个人对于食物与健康的重要智慧，除了创造美味外，更能创造健康与疗效的重大价值。聪明的女王，总是可以从生活的小细节里找到价值与机会。

下厨的感觉那叫一个"好"！

"厨房"在我们的日常生活中，扮演着一个非常重要的角色，虽然每天待在厨房里的时间并没有自己在书桌、客厅里的电视前或柔软舒适的床铺上来得多，但厨房确实是一个可以"调剂"生活，增加生活情趣的好地方，我们甚至觉得它也是一个培养创意与创作力的好场所。

北京 BTV 生活频道，每周末都会教大家一些烹制技巧和饮食文化，有多位健康专家就曾建议男人也应该多下厨房，因为这样做有益他们的身心健康，原因有三：

- 烹饪可以刺激五官

人们工作时只使用左半脑，但是若要煮饭做菜，就要动到右半脑。因此，下厨可以培养创造力，加强神经反射和美感。

- 可以预防一些疾病

在外边买着吃总是无法营养均衡，因此自己下厨，比较能兼顾到自己的身体状况，调配饮食。

- 活动筋骨，焕发体力

平时久坐办公桌，运动时间也不多，下厨正好让人锻炼脚力及体力。虽然只是在厨房这个小天地，但是要做出一顿美味大餐，就需要来来回回走个不停，不知不觉中就活动了身体的各个部位。

你有多久没有下过厨了？觉得要洗要切要烹很麻烦吗？相信我，绝对不会像你想象中的不愉快。如果你也想体会一下在厨房里展现爱意并获得一种成就感，就听我的话，试着在下一餐或现在放下书本，穿起围裙，为自己、家人或爱人，创造全世界最可口的美味吧。我敢保证，你真的会感到非常快乐与满足。

家里家外都是范儿，现在就显示一下你贤淑持家的绝代风情，走进厨房，换个创作的工具，为自己和心爱的人，创造独一无二的幸福吧。

给女范儿的私房话：

常常有下厨习惯的姐妹们，应该都会有同一种感觉：常常挥汗如雨地做完满桌的饭菜后，饥肠辘辘的感觉反而没有了，结果自然而然会在每一顿饭减少进食量，这不正是一种很棒的减肥方法吗。

三、胖又何妨？不做盲目纸片人

减肥是全球性的健康生活趋势，保持窈窕身材，正成为时尚女性的现实追求。然而，时下白领女性的平均体重日渐升高，女范儿们为此真是伤透了脑筋。其实这个阶段体重增加的直接原因是由于女性生理原因造成的，女人最易发胖的年龄是20～30岁之间，这个年龄段才是女性最需要警惕长胖的。研究人员通过分析700名女性的体重数据发现，这一年龄段的女性中41%的体重在4年里平均增加了2.5公斤。

这个阶段也是她们工作生活的关键阶段，需要补充充足的营养物质；另外，女人最易发胖的年龄是结婚之后，多数女性的业余生活是坐在沙发上看电视或者下载的视频，而不是像以前那样和朋友、同学外出活动，也是20～30岁之间女性体重易飙升的另外一个重要原因；怀孕是令20～30岁之间女性体重剧增的第三个原因。很多女性生完孩子之后就再也不能够恢复到怀孕之前的体重。

除此之外，更有很大一部分原因是由于日常不经意所养长的坏习惯所造成的：

女性无论是平时所从事的工作种类还是日常生活习惯，相对于男性来说更少有机会从事体力劳动和参加体育锻炼。

大多数的女性都有爱吃零食的习惯，尤其是在office里工作的白领女性，80%以上的上班时间都是坐在电脑前，手指除了敲击键盘以外就是时不时的抓几片炸薯片或者几块巧克力塞进嘴里。一方面因为长期的久坐伏案，另一方面又因为爱吃零食，久而久之就发现自己的腰围变粗了！所以最普遍的办公室身材就是局部肥胖——小肚腩。

当今社会女性在社会上的地位日益提高，平日所从事的工作越来越繁重，甚至已经赶超男性。长期紧张和抑郁等这些不良精神状态都会使女性发胖。而一些缓解和治疗精神压力的药物也是使女性发胖的原因之一。

现在生活在城市里的女性有很多都喜欢夜生活，尤其是周末假日里更是乐此不彼，之前提到，由于现代女性工作压力的陡然提升使得夜生活这种放松减压的方式日渐流行。频繁的夜生活不但扰乱了规律的日常作息，而且更糟糕的是夜生活还会使你养成吃夜宵的坏习惯，从医学角度来讲吃夜宵会大大增加了胃部患病的概率。而同时吃夜宵也最容易使人发胖，由于人体生理构造的关系，在夜间身体是最能充分吸收营养的时段，如果此时进食的话，摄入的食物会比白天更有效率的被身体吸收并转化为脂肪。据调查95%身体肥胖的人都有吃夜宵的坏习惯。

城市生活节奏的加快使得很多"85后""90后"慢慢摒弃了老爸老妈下班做饭的传统，取而代之的是经常的光顾快餐店等速食商铺，为了图方便节约时间，经常的吃营养构成单一，饱和脂肪和热量极高的外卖速食食物。长此以往下来身体内不但开始堆积脂肪，同时由于摄入营养不全面，伴随体重超标的同时还会并发有维生素缺乏等症状！

一方面是生活压力需要充沛的精力和体魄，另一方面为了维持自己的美女身材而节制饮食，我们曾不止一次的看到办公室的OL们白天只吃两条黄瓜或几个西红柿。家里家外她是范儿，先得经受饥饿的煎熬！

其实这大可不必，本书的作者之一宣洋女士就是一位形象设计专家，她建议你，做范儿的本钱是健康的体魄，减肥要适度，不盲目做"纸片人"。她的体会是：

要为健康与自信而减

"没有胖过的人不知道胖的痛苦啦，不知道被人家嫌弃和瞧不起的感觉。"这应该是许多胖妞的心声吧！我也曾经经历过这样的时期。之前由于一场恶疾，必须服用可怕的类固醇，在几个月时间里，我的体重迅雷不及掩耳地狂增了17公斤，甩也甩不掉。正所谓"肥胖不是病，胖起来要人命"。

曾经失去过健康的我，现在很能体会健康的重要。减肥，不单单只是为了外在所谓的好看，而是为了身心健康，所以要注意"适度"这两个字，不光是体重适度地减轻，还包括减重的方式也要适度。你不是范冰冰，也不是模特，T台秀场的模特出镜让全天下的女人都对自己的身材没有信心。有些女人为了追求减肥的速度，不惜砸重金到减肥中心花钱买罪受，更有人开始找寻偏方，吞下来路不明的彩色药丸，最后肥没减下来，倒是少了半条命。有些女人会使用激烈的手段节食甚至断食，换来的是严重的营养不良和精神委靡。糖不足的状况下，常感到手软脚软，随时都有厥过去的可能。这样的减肥法可能导致身体抵抗力不足，免疫系统功能下降，没事就伤风感冒，而且也会让瘦下来的身材显得很不匀称。

减肥的饮食须知

有没有用对方法减肥，将决定你瘦得好不好看。不健康、营养不均衡的减肥方式会先减掉让身体看起来结实的肌肉，留下又松又垮的肥肉。虽然体重减轻了，但随手抓起身上的浮肉，还是有一圈圈的油腻感。可能体重降到自己理想的标准，但是整体的比例突然变得很奇怪。而女人该有的性感也会随着体重的下降而递减，只是手臂、臀部和大腿的脂肪，却还顽固地死巴着身体不放。有这种状况就表示你用错了减肥的方法。

其实，有时肥胖主要是基因导致，所以也不能过度责备自己。人体很奇妙，一旦胖过，肥胖细胞的数量就会固定在我们的细胞组织里，永远不会减少。不过大家也别担心，肥胖细胞还是可以透过个体长时间维持、管理体重的方式，减少它们活化的机会。只要你瘦下来后，还能够保持住两年同样的身材，那要恭喜你，要再肥起来的机会将会低很多。倘若没能撑过两年，放松下的结果还是要重来一遍。因此，体重的维持与自我管理，为减肥历程里的关键，能不能成功，还得靠自己的耐力与决心。

如何让自己瘦得漂亮又有身材？相信是众多女性急于知道的，在此提供姐妹们一些正确的饮食观念。不管对年轻美眉，或是新陈代谢率走下坡的熟女们，都很管用：

- 不能让自己处于饥饿的状态

人体的脂肪具有免疫和自我保护的基因，为的是让人类处于饥荒、战争等天灾人祸时，能够借由这个基因增加生存的机会。减肥时，如果采用激烈的节食手段，身体只会意识到可能有饥荒的危机，反而会紧紧抓住体内脂肪不放，所以靠不吃饭来减肥，是一大禁忌。

- 计算热量最重要

减肥不是什么美食都不能碰，热量计算最重要。想减肥的女性，可以把每天摄取的热量控制在 1000 大卡以下。只要低于身体的基础代谢率，自然可以消耗掉身体多余的脂肪。建议自己调理一些清淡的食物，既健康又没负担，外食热量摄取还是难以控制得好的。

- 多补充蛋白质，减少碳水化合物的摄取

很简单，淀粉类食物少吃一点，改以蛋白质（瘦肉、鱼、蛋白）和新鲜蔬果为主食。改革开放前的农村，生产队的农民很少有肥胖的，原因是他们面朝黄土背朝天，做农活大量地消耗体力。而现代一般上班族，很少有这种大量消耗体力的机会，多吃不消耗的结果就是"囤膘"。多吃一些纤维含量高的红薯、五谷杂粮或糙米饭。如此一来不但具有饱足感，又不会吃进过多的热量。午餐和晚饭之间如果感到饥饿，有的人就将茶叶蛋的蛋黄去掉，光吃蛋清，据说这样不会长胖，你不妨试试。

- 夜生活再减量些

年轻人有点夜生活放松一下是件很爽的事，但是夜生活会使你养成吃夜宵的坏习惯。白天吃进去的热量会被消耗掉，晚上吃进去的热量就容易留在身体里。晚饭后的四个小时，胃就会感到很空，睡前容易感到饥饿，这时你不妨早点睡，不然就会抓起饼干面包当夜宵，这能不长胖吗？前面提到了，蛋清或菜蔬，都可以达到控制热量的效果。

以上这四点，爱美女人，它可以改变你的一生，让减肥不再那么痛苦难熬，而且瘦到该瘦的地方，不该瘦的地方一点也不会少哦。

给女范儿的私房话：

过瘦真的不好看。所谓适度的身材，是指只要健康、匀称，就很棒了。除非你立志要进演艺圈，那就另当别论，但如果你在单位在家都很要强，那么还是强筋健骨最好，做范儿就别把自己搞得过于单薄没厚度。

四、多运动，别当宅女

女人，就算瘦得令人心里发寒，她还是会说“我觉得自己好胖”。没错，全天下的女人都觉得自己的身材不够完美，不够纤瘦。娱乐界的小S，她在生育宝宝后减肥18斤成为不少女性谈论的话题，让一些爱美的女性羡慕得不得了。不过即使如此，也不要因为过度减肥，让自己营养不良。经历过生活磨砺的人才知道，只有活得健康，才会有快乐的人生。

运动的神奇效果

上一节宣洋老师也提过关于减肥的饮食重点，但是你是否注意过，虽然很忙很累，但你还是有时间坐在电视机前看部你喜欢的连续剧或娱乐节目？没有空休息，却又泡在互联网上。所以，姐妹们，我们必须承认这些都是懒惰的借口。只有这样，我们才有办法走到下一步，养成早起运动的好习惯。

有一位以前公司里的同事，生过小孩后身体像吹了气一样鼓了起来，怎么减也减不下来。不过自从她开始每天穿球鞋走路上班，到办公室再换上高跟鞋、套装，半年下来，她就瘦下八公斤。真的不可思议。当然，你不用像她那样上下班都步行。如果没什么重要场合，不妨脱下高跟鞋，挑一个你自己觉得最自在轻松的方法走路。像下班时走路，不仅惬意，也可以顺便欣赏路边的景色。你会发现，以往经过的地方，怎么没有看到这么多的美景呢？

持之以恒才是真运动

如果现在要一位从来不运动的人，马上进入规律频繁的运动计划，我想可能难以持久，而身体也会不习惯，最后会使人意兴阑珊。其实运动的方法有很多，不一定要花大钱进健身房才可以运动，找些随时随地都可以做的运动，会让你比较容易开始。以下推荐几种可行的运动方式共你参考：

- 家中 DIY 运动

在市面上选择一种你喜欢的运动，像气功、太极、韵律、街舞、瑜伽，什么都好，用U盘下载回家播放跟着练习。就算很多动作在刚开始时都做不到位，也没关系，只要能锻炼自己的体能，同时飙些汗出来，就已经是一个很不错的开始。

- 户外散心兼运动

在家运动，真的远不如走到户外运动。你会发现，出去走走，心胸也会变得开阔。如果天气好的话，暂时先放下家里的运动器材，换上轻便的鞋子，到户外走走。爬山嫌太累的话，在公园快步行走或者骑自行车飙车也是不错的运动。

- 参与团体课程

有些人可能会觉得，运动需要环境。如果自己一个人去慢跑、游泳觉得无聊，又怕无趣的人，个人建议可以去上些舞蹈或瑜伽课程。在舞池里和同学及舞伴们跳起轻盈、热情又性感的舞步，也是很动人的。最重要的是，它的运动量真的很大，也可以使用到全身的肌肉。对于喜欢社交活动的美女们，是个不错的选择。此外，舞蹈也是以练习身体的长肌肉为主，线条自然也是没话说。

- 心动不如行动，美丽在于运动。如果上述建议你不中意的话，也可以在家多做些家务劳动，现在不少女孩不乘电梯，坚持爬楼梯，估计她们也是在忙里抽闲做运动。要记住，懒惰就是肥胖与不健康的源头。

给女范儿的私房话：

亲爱的姐妹们，世界上真的是只有懒女人，没有丑女人。养成运动的习惯，美丽与健康才能持久。不怕你动得少，就怕你不动，反正有动就有消耗，千万别当宅女！

五、释放压力，舒缓心情

我有一位女朋友在一家很大的网站做执行总裁，事业上搞得如日中天，可感情世界却一塌糊涂，在谈判桌上她应对自如，很少有情绪的起伏，即便有也很快用女性特有的微笑掩饰过去，她的神经永远处于“紧绷”的状态。然而回到家她就会莫名其妙的发火，弄得家人不知所措，前不久她病了，是抑郁症，医生叫她休息调养。

当工作压力大的时候，职业女性容易情绪波动，出现焦虑和急躁等情绪，这是由女性的生理特点所决定的。在职场中，情绪化容易使女主管们跌跟头，这让她们常常处于紧张状态，因此，女性身心更容易疲劳。

人的机体与生俱来就可以代谢掉毒素。过度压力、饮食不良、经常暴露于有害环境下都会降低机体的代谢功能。所以女性要有分寸地学会释放情绪。人体本身就是一股能量的汇集，能量自然有分好与坏。我们的肉体需依赖外在的资源与营养才能维持，自然也会累积外在因子所带来的杂质；身体的排毒比较容易，可以通过后天的饮食与生活作息的调整来排出不好的物质，但心灵可就没有那么简单。或许我们的内在心灵对于恶劣的环境与生存风险有着超乎我们想象的耐受力。人的心智过于复杂，很多问题都在潜意识里受到各种思维惯性的束缚，压抑过久无法摆脱，以至于当我们有所察觉时，大多已为时已晚。

躯体的反馈机制可就简单多了，免疫系统对于各种刺激及侵犯的外力都有着自我防御与保护机制，所以我们的身体会借着各种形式的疾病与不适，来表达它们对超负荷工作的不满。休息就像暂时关机一样，让身体排除有害物质后，再重新启动。心灵也一样，也需要我们找到开关，在适当的时间里关机保养。

在一些连续化的化工装置中，为了保证系统的运行，生产调度中心常常要“放空”释放系统压力。人的机体、人们的心理也是如此，要经常有步骤、有层次地释放情绪，可以保持你的身心健康，同时也会让你有所成长。

情绪的释放方法

随着社会的进步，现在看心理医生的人越来越多、心理医生认为，人的内心与外在躯壳一样，都会生病与毁损，很自然要面对自己的心理疾病这件事。

随着社会竞争的加剧，许多人面临不少的挫折与压力，有的姐妹在失败中情绪不良，许多情绪的反应会被认为是抗压性差或是“不成熟”。殊不知，在过度压抑的状态下，只会让自身深陷危险里，甚至认为自己得了抑郁症。

其实，抑郁症并不是一种疾病，它只是一种心理状态而已，所以要摆脱这种症候的困扰，90%还是要靠自己努力，如果配合些许的药物治疗或心理诊疗，能让你节省更多恢复的成本。

抑郁症一点都不难为情，这种状态有时会让你感到生命索然无味、痛苦万分。但你必须明白，痛苦是你成长的养分，这是你活在当下所必经的路程，它能使你在逆境中找到向上的力量。

太多太多曾经经历过失败与挫折的女性，当她们靠着自己的力量走出来后，活得是如此精彩。她们往往都比一般女性还要坚强美丽，就是因为比别人多了那么一点韧性与力量。

人生有挫折固然是件好事，不过我也有考虑到每个人心志对于挫败的承受性，为了缓解你的压力我们提供几个好方法，大家不妨在压力过大时试一试。

- 找出问题

这可不是陈词滥调，找出导致内心痛苦或不舒服的根源很重要。许多人会在一瞬间崩溃，或是突然无法控制情绪而倒下，通常是“内伤”太久，而真正导致内伤变成重伤的原因，往往是没有意识到自己正面临环境的多重压力与不快。所以我提倡大家每天在睡前，躺在床上好好地回想当天所发生的一切事情，学会心灵对话，试着用自己的意志找出要面对的问题，最好还能培养写日记或者给朋友写点东西的习惯，这种方法可以起到释放与自我治疗的效果。

- 分散一下注意力

发泄情绪的方法很多，不外乎是体力与精神的消耗。如果你是个热爱运动的人，任何运动都会是一个很好的出口；倘若你一个喜欢安静或者性格内向的人，不妨凭着兴趣及爱好寻找想要的安慰，去逛个街或旅行一下皆可。

- 找人倾诉心事

不管熟不熟，只要你愿意开口就好。很多事情你不见得会选择跟闺蜜或亲近的人说，但你会愿意选择跟陌生人倾诉。这种倾诉没有什么负担，释放后会有一种很爽的感觉。现在网络比较发达，在QQ上找网友说一说自己的心境，会得到理解与同情。要知道，虚拟世界可是你舒缓心情的好平台。

- 坦承失败的精神

这个小建议确实有效，如果你觉得很闷，很不如意，甚至快要发狂时，不如就承认自己的失败与不足吧。只要放过自己一马，愿意为自己退一步，你会发现所有原本存在的问题，都会霎时消失无踪。

- 自我减压，辞职去旅游

这种说法有些偏激，但现实生活中确有不少这样的事例。如果不能缓解压力，就容易产生失落等不良情绪，有压力不怕，重要地是要自我调节。放下业务，去欣赏异域风光，的确是一种不错的减压方式，把工作暂时放一下或放慢工作节奏，让身心得到休息，有助于此后工作的顺利开展。此外，女范们还应提高心理建设，以便遭遇到负面情绪时，也能处变不惊。至于工作嘛，咱也炒一回老板，嘻嘻！

给女范儿的私房话：

从疾病的折磨中训练自己的意志，因为只有战胜了自己，你才会发现，不经历风雨哪能见彩虹。所以亲爱的，如果你病了，我会告诉你，轰轰烈烈地病一场吧。当你康复后，你会发现自己的存在多么有价值。